水污染控制工程
课程设计案例与指导

SHUIWURAN KONGZHI GONGCHENG
KECHENG SHEJI ANLI YU ZHIDAO

主　编　刘　咏
副主编　张爱平　雷　弢　范　璐

四川大学出版社

责任编辑:唐　飞
责任校对:蒋　玙
封面设计:墨创文化
责任印制:王　炜

图书在版编目(CIP)数据

水污染控制工程课程设计案例与指导 / 刘咏主编.
—成都：四川大学出版社，2016.3
ISBN 978－7－5614－9348－9

Ⅰ.①水… Ⅱ.①刘… Ⅲ.①水污染－污染控制－课
程设计－高等学校 Ⅳ.①X52-41

中国版本图书馆 CIP 数据核字（2016）第 052877 号

书 名	水污染控制工程课程设计案例与指导
主 　编	刘　咏
出 　版	四川大学出版社
地 　址	成都市一环路南一段 24 号 (610065)
发 　行	四川大学出版社
书 　号	ISBN 978－7－5614－9348－9
印 　刷	成都金龙印务有限责任公司
成品尺寸	185 mm×260 mm
印 　张	10
字 　数	243 千字
版 　次	2016 年 5 月第 1 版
印 　次	2021 年 1 月第 4 次印刷
定 　价	35.00 元

◆读者邮购本书,请与本社发行科联系。
　电话:(028)85408408/(028)85401670/
　(028)85408023　邮政编码:610065
◆本社图书如有印装质量问题,请
　寄回出版社调换。
◆网址:http://press.scu.edu.cn

前　　言

随着经济的快速发展，环境问题日益突出，培养优秀的环保专业人才在解决环境问题中起着非常重要的作用。高校作为我国高等人才的培养基地，其设置的环境工程相关专业肩负着培养我国专业环保人才的重任。在许多高校的环境工程及其相关专业的人才培养目标中都包括有"具备水、气、声、固体废物等污染防治，给排水管道工程，环境规划和资源保护等方面的知识，具有进行污染控制工程的设计及运营管理能力，环境工程方面的新理论、新工艺和新设备的研究和开发能力"等内容。为实现上述目标，许多高校在环境工程及其相关专业的人才培养方案中都设置了环境污染防治方面的课程和环保实践教学环节。"水污染控制工程"课程是环境工程专业一门重要的专业主干课程，同时也是一门涉及数学、物理、化学、生物等学科交叉、应用性极强的课程。该门课程的教学对于提高学生对水处理理论与技术的理解与掌握、培养学生工程实践能力有着重要的意义。"水污染控制工程课程设计"是课程教学的重要组成部分，是培养学生工程设计能力和创新能力的实践教学重要环节，是工科高等院校不可缺少的实践教学环节，是教学计划中的有机组成部分，是各门专业课（专业基础课）教学环节的继续、深入和发展。

加强学生掌握工程设计的基本知识，提升学生运用设计手册、设计规范的能力，增加学生工程设计的综合概念，是新形势下"水污染控制工程课程设计"教学的主要目标。如何改革传统的教学方式，使学生的专业能力适应市场经济对人才知识结构的需求，是许多高校环境工程专业建设中急需解决的问题，高校环境工程专业建设也非常需要这方面的教学研究成果。为此，编者结合几年来的教学实践，编写了此书，旨在与同行共勉。

全书包括水污染控制工程课程设计、水污染控制工程课程设计指导、水污染控制工程课程设计案例等内容，共5章。其中，第1~2章由刘咏、雷弢编写，第3~5章由刘咏、雷弢、张爱平、范璐在整理环境工程专业学生2013—2014年期间水污染控制工程课程设计作品的基础上编写而成。王超、范琴、王林、李海涛、唐吉丹参与了第3~5章内容的编写。全书的图表绘制和整理工作由范琴、汪诗翔、王林、李海涛等完成，文字校对工作由王林、周安澜、刘燕兰完成。

在本书的编写过程中，我们还得到了海天水务集团的陈勇明工程师及四川天益成环保科技有限公司的秦晓华工程师的帮助和支持，在此表示衷心的感谢。

本书参考了一些科研、设计、教学以及生产领域同行的文献资料，也使用了相关污水处理厂提供的工程实例基础资料，编者谨在此一并表示衷心的感谢！

由于时间仓促，加之编者知识水平有限，书中难免存在不足之处，敬请读者和同行批评指正。

编　者

2015 年 10 月

目　　录

第一章　水污染控制工程课程设计

一、水污染控制工程课程设计的意义

"水污染控制工程"是环境科学与工程本科专业环境工程课程的一部分，是重要的专业课之一。通过对本课程的学习，使学生明确认识到水资源是有限而宝贵的，水体作为重要的自然资源之一，其环境容量是有限的，人类不仅要合理地利用水资源，更要爱惜和保护水资源。该课程的教学目的是提高学生的水环境保护意识，掌握对生活污水和工业废水的各种处理方法和再生利用技术，掌握水污染控制的原理、方法和有关设计计算问题。培养学生的专业技术能力和工程实践能力是该门课程的主要目标之一。

"水污染控制工程课程设计"作为"水污染控制工程"课程教学的重要组成部分，是培养学生工程设计能力和创新能力的实践教学重要环节。通过对这门课程的学习，加深学生对有关废水处理理论的理解，使学生掌握文献和设计资料使用方法，掌握水处理工艺选择、工艺计算的方法，掌握平面布置图、高程图及主要构筑物的绘制方法，掌握有关工程设计文件的编制方法，培养学生具备一定的设计和工程制图能力。

进行"水污染控制工程"和"水污染控制工程课程设计"这两门课程的学习，对于学生掌握调查研究、查阅文献的学习方法，进一步消化和巩固污水处理方法的学习内容，培养学生污水处理工程工艺设计与计算、图纸绘制及设计说明书的编写等能力都有重要的意义。此外，"水污染控制工程课程设计"是学生学习"环境工程专业毕业设计"的先行课程，将为学生更好地完成毕业设计打下良好的基础。

二、水污染控制工程课程设计前期课程教学的要求

进行水污染控制工程课程设计涉及的内容较多，需要的知识面较广。这就要求学生在进行水污染控制工程课程设计之前，必须要学习"高等数学""普通物理""普通化学""物理化学""工程制图""AutoCAD 制图技术""环境工程专业认识实习"等基础课程，掌握"环境学概论""水污染控制工程""水污染控制工程实验""环境工程原理""环境化学""环境监测""环境影响评价""环境微生物学"等专业课程。上述课程中，"工程制图""AutoCAD 制图技术""环境工程原理""水污染控制工程""水污染控制工程实验"等课程的教学内容和效果对学生进行水污染控制工程课程设计影响较大。为使学生能更好地进行水污染控制工程课程设计，上述课程在教学上的要求如下：

"工程制图""AutoCAD 制图技术"是研究绘制和阅读工程图样基本原理和方法的课程，是表达和交流技术思想的重要工具。通过这两门课程的教学，应达到以下目的和要求：熟练掌握 AutoCAD 的基本操作，灵活使用各种绘图工具和操作命令；能运用 AutoCAD 绘制和输出基本的二维工程图纸；了解计算机绘图的基本流程和方法，并利用它进一步加深对工程制图原理的理解；掌握投影法的基本原理及其应用；培养绘制和阅读工程图纸的基本能力；培养解决空间几何问题的读图能力。

"环境工程原理"是环境工程专业与生产实际紧密联系的专业基础课。本课程的教学内容主要包括系统介绍主要单元操作的基本原理、典型环境工程设备及其计算方法。通过本课程的教学，应达到以下目的和要求：使学生熟悉实际流体与理想流体、流动形态；了解对流传热机理、传质双膜理论等基本概念；基本掌握伯努利方程、传热方程、汽液平衡和操作线方程等的计算和应用；了解典型环境工程设备的主要性能；学会有关环境过程的基本计算方法；使学生具备一定的与工程技术人员对话和开发产品的能力。

"水污染控制工程实验"是"水污染控制工程"课程的重要实践环节。该门课程通过设置一些验证型实验和综合设计型实验的教学，使学生进行实验操作、观察实验现象和对实验结果进行分析，从而加深学生对"水污染控制工程"课程中一些基本概念和基本原理的理解，巩固所学内容和知识，提升学生的实际动手能力和解决实际问题的能力。这门课程在教学时应达到以下目的和要求：使学生熟悉污水自由沉淀实验、污水絮凝沉淀实验、活性污泥性质测定实验、污泥脱水性能测定实验、污水吸附处理实验等的实验原理、实验流程、操作方法和数据处理；了解典型污水处理实验设备的主要构造、工作原理和性能。

"水污染控制工程"是学生进行水污染控制工程课程设计时必须学习的一门重要的先行课，应达到以下目的和要求：使学生全面认识水污染控制工程在环境保护中的任务及作用，掌握水污染控制的基本概念、基本原理、基本方法；掌握污水处理构筑物的一般设计原则和方法；掌握污水处理工程设计的基本程序和方法；配合课程设计和实验等实践教学环节，使学生获得独立进行一般污水处理工程（包括城市污水处理厂和工业废水处理厂或处理站）的设计与运行管理的基本能力，并具备初步从事水污染控制技术方面的科学研究能力。

为达到以上目的和要求，"水污染控制工程"在教学内容和课程设置中应注意以下一些问题：

（1）鉴于本课程是环境科学与工程专业的专业课，在教材内容的选取上既要考虑学生已学的基础知识，又要注意与后继课和平行课之间的分工和衔接。例如介绍废水的化学处理单元和物化处理单元时，应着重介绍该处理单元的基本原理和实际应用；在介绍物理处理单元和生物处理单元时，还应着重介绍一些处理构筑物的设计计算。又如有关工业冷却水的处理，在"环境工程原理"课程中已有所涉及，本课程就不再进行讲述。

（2）本课程是学生在学完基础课后所接触的实际应用型课程之一。为此，要将教材上的理论知识和社会实际应用有机地结合起来，将某些废水处理方法的应用现状和发展动态穿插在课程教学之中，拓宽学生的知识面，培养学生学知识的能力。

（3）为了培养学生分析问题和解决问题的能力，本课程应讲解适当的例题和安排一定的习题课，使学生学会正确地运用所学知识解决实际问题，同时要布置适量的习题和思考题，引导学生深入钻研所学的基本概念，牢固掌握基础知识。

（4）本课程是一门实际应用性很强的学科，在不影响理论体系完整性的条件下，应安排适量的社会实践活动。社会实践活动的方式可采取组织学生到污水处理厂进行参观学习、鼓励学生参加各种与水处理技术相关的科研课题研究和各种水污染防治方面的公益性活动等。

三、水污染控制工程课程设计的教学任务、总体思路、基本内容及学时分配

（一）教学任务

"水污染控制工程课程设计"是"水污染控制工程"课程的实践环节，是"环境工程专业毕业生产实习""环境工程专业毕业设计"的先行课。该门课程的学习对学生进行水污染控制工程课程设计意义重大。本课程的教学任务如下：①掌握工程设计的设计步骤、方案选择方法；②了解污水处理工程设计的特点和原则；③熟悉使用国家相关的法律法规、标准规范、设计手册的方法；④掌握主要处理构筑物和设备的设计方法；⑤掌握平面布置图、高程图及主要构筑物的绘制方法；⑥掌握有关工程设计文件的编写方法。

（二）学时数及学分数

该门课程的教学方式主要以学生的实际动手实践为主，教师的指导为辅。要达到设定的教学目标，这种教学方式的教学学时数及学分数至少为 8 个学时、0.5 学分。

（三）教学总体思路

该门课程采取以"设计思路引导为主，工程实例为辅"的授课思路，即首先对污水处理工程的设计总体思路进行阐述，形成一条主线后进行分步骤讲解，并在此过程中穿插工程案例进行辅助引证说明，力争让学生始终保持比较清晰的思路，培养学生对本课程学习的兴趣，初步具有污水处理工程设计的能力。

（四）教学基本内容及学时分配

1. 水污染控制工程设计概述（2 个学时）

主要讲解四个问题：什么是污水处理工程设计？污水处理工程设计包含哪些方面的内容？污水处理工程设计需要有哪些前期资料以及能够解决哪些问题？作为设计工程师需要具备哪些能力和素质？

2. 水污染控制工程设计内容（5 个学时）

主要讲解污水处理工程设计资料的收集和准备（0.5 个学时）、污水处理工程设计方案的编制（1.5 个学时）、污水处理工程设计计算（1.5 个学时）、工程材料统计及概预算（0.5 个学时）、设计图纸相关讲解（1 个学时）。

3. 总结（1 个学时）

重新梳理工程设计思路，布置课程设计任务，并对水污染控制工程课程设计进行指导。

四、水污染控制工程课程设计的组织与实施

水污染控制工程课程设计由环境工程系组织，由担任"水污染控制工程课程设计"和"水污染控制工程"课程教学的教师和参加课程学习的学生来具体实施。指导教师的主要职责是：确定课程设计任务书的内容并下达给学生；组织学生参观污水处理厂；配合学院邀请校外水处理工程师来学校作与水处理相关的知识讲座；对学生的课程设计内容进行具体指导；对学生交上来的课程设计成果进行评定，给出设计成绩。学生的主要职责是：根据课程设计任务书的要求分成若干个设计小组，确定每个设计小组的设计任务，推选设计小组负责人；按照学院要求认真参观污水处理厂；认真学习校外污水处理工程师讲座的内容并做好记录；认真开展课程设计并及时与指导老师沟通；在规定的时间内完成课程设计内容并及时上交课程设计成果，必要时进行课程设计答辩。

在组织与实施的过程中，应注意以下几点：

（1）指导教师在确定设计任务书的内容时最好聘请知名环保公司的污水处理工程师作顾问，征求他们的意见并在综合考虑授课学生的情况后下达给学生。为确保每位同学设计内容的唯一性，可根据教学班学生的规模来确定设计任务书的数量。

（2）尽管学生学习了课程设计的先行课，有了一定的知识储备，但学生对污水处理厂的了解不够深入，有些构筑物和设备的构造在学生头脑里还没有直观的印象，这对学生的课程设计非常不利。为解决此问题，学生在进行课程设计前，到污水处理厂去参观的程序必不可少。指导教师在组织学生参观污水处理厂时，根据需要可选择多个不同处理工艺、不同处理规模的污水处理厂，让学生对污水处理厂有更多的了解。

（3）课程设计的时间最好安排在三年级下学期期末，课程设计内容丰富且时间较短，每个课程设计一般为2～3周。在课程设计期间，指导教师可采取"集中授课＋单独讲评结合"的方式进行指导，集中授课的学时不少于8个学时，在单独讲评时，可采取现场讲解、电子邮件、电话、QQ等多种形式。

（4）学生一般以5～10人为一个设计小组，分工合作，共同完成一个课程设计任务。在进行设计内容安排时，实行组长负责制，由组长对设计任务进行分解，并以设计任务通知的形式分配给组员，设计任务通知的内容上交给指导教师存档。

（5）指导教师和设计小组组长应对学生的课程设计开展情况进行监督，根据学生在设计中的表现给出平时成绩。由于课程设计任务的完成需要组员之间的分工协作、积极配合才能共同完成，这就要求指导教师要及时发现并解决学生在设计中出现的各种问题，确保设计成果能按期完成。

五、水污染控制工程课程设计成绩的考核与评定

"水污染控制工程课程设计"的成绩主要由平时成绩和书面成绩组成，其中平时成绩占30％，书面成绩占70％。书面成绩考核的内容包括：设计说明书和图纸的质量；完成题目的难度；完成设计情况；答辩情况。成绩采取审定与答辩相结合的方式进行评价，按五级积分制（优、良、中、及格、不及格）评定。

第二章　水污染控制工程课程设计指导

一、污水处理工程设计思路与设计要点

污水处理工程设计需要庞大的知识体系，它涉及物理、化学、生物、机电等一系列的学科，需要这些学科有机交叉地组合在一起。污水处理工程同样是一个系统工程，它涉及的知识更广。从专业方面来说，涉及各种学科的实际应用；从经济方面来说，涉及投资、收益等；从社会方面来说，涉及人文、地理等。

污水处理工程设计作为一项系统性工作，其囊括各个专业直接的协同设计，即工艺、给排水、建筑、结构、电气和自控等。在污水处理工程设计过程中，若要有条不紊地推进设计工作，就需要一条清晰的主线。针对污水处理工程设计的主线，可以归纳为水、气、固三相的统筹和规划设计。

"水"相：污水处理工程的主要处理对象为水，从污水进入整个处理系统开始到最终处理达标排放，整个过程需要涉及的工艺构筑物、管道、设备材料，污水处理工程中的加药系统设计，污水处理工程中的自来水系统设计等，均可归纳为"水"相。

"气"相：污水处理工程，尤其是城镇污水处理工程，一般都要采用生物处理技术作为主体工艺，其中好氧处理技术必然涉及充氧曝气环节。"气"相包括曝气系统的统筹设计和规划设计，污水处理构筑物产生的臭气或有害气体的收集处理系统的设计，厌氧处理或污泥厌氧消化产生的生物气的收集、处理和利用系统的设计，设备所用的压缩动力气源系统设计等。

"固"相：污水处理工程中必然会产生固体废弃物，如物化污泥、生化剩余污泥和栅渣，其中污泥的排放、回流、浓缩、干化等均可归纳为"固"相。

污水处理工程设计的思路即围绕水、气、固三相为主线进行统筹设计。其中，污水处理流程为设计的主线。厘清三相之间的逻辑关系（见图 2-1），就能对污水处理工程的设计有一个更清晰的认识，剩下的就是丰富完善其中涉及的细节。

作为环境工程专业的学生，其学习任务主要侧重于污水处理工艺设计。在进行污水处理工程设计时，要围绕三相展

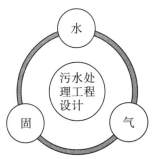

图 2-1　污水处理工程"三相"逻辑思维图

开，其内容如下：

（1）"水"相的设计要点可归纳为污水特性的分析和掌握，工艺流程经济合理的确定，末端出水的利用及排放等。可参考《排水工程》（下）中水质、水量分析和各个工艺流程选择等内容。

（2）"气"相的设计要点可归纳为需、供氧量的设计计算，风管管路设计计算以及设备选型等。可参考《排水工程》（下）中需、供氧量的设计计算，风机选型设计等内容。

（3）"固"相的设计要点可归纳为回流污泥、内循环混合液的设计，剩余污泥的处理与处置设计等方面。可参考《排水工程》（下）中污泥系统设计等内容。

二、水污染控制工程课程设计的内容和深度

水污染控制工程课程设计的目的在于加深学生理解所学的有关水处理技术方面的专业知识，培养运用所学专业知识解决实际问题的能力，在设计、计算、绘图等方面得到锻炼。具体体现在以下几点：

（1）让学生了解环保产业，以及环保产业给人们生活带来的效益。

（2）促使学生进一步掌握专业理论知识，同时培养学生对所学课程理论知识合理运用与结合的能力。

（3）培养学生将理论知识通过工程术语方式清晰表达的能力，让理论与实际工程有机结合。

（4）利用课程设计，让学生了解国家对工程设计的要求，培养学生查阅国家相关规范、条例和法规，并将规范结合理论知识，选择合理设计参数的能力。

针对一座二级处理的污水处理厂，在特定外界条件下选择合理的工艺技术路线，要求对主要污水处理构筑物的工艺尺寸进行设计计算，确定污水处理厂的平面布置和高程布置，完成设计计算说明书和设计图（污水处理厂平面布置图和高程布置图，必要时附上工程效果图）。设计深度为初步设计的深度。

三、水污染控制工程课程设计任务书

（一）课程设计总体要求

（1）设计内容：污水处理厂工艺设计。

（2）设计深度：初步设计。

（3）课程时间要求：　年　月　日—　年　月　日。

（4）设计分组：10组，每组5~10人，每组完成1个设计任务。

（二）设计题目

××污水处理厂××工艺设计。

（三）设计基本资料

本次设计选择3个实际工程，其中包括城市生活污水处理厂工程、工业污水处理厂

工程和综合污水处理厂工程（其中生活污水比例 70%，工业污水比例 30%）各 1 个。

1. 工程设计条件

（1）某工业园区综合污水处理厂设计水量：$Q=50000$ m³/d。进水水质见表 2-1。

表 2-1 某工业园区综合污水处理厂设计进水水质

水质指标	COD_{Cr} /(mg/L)	BOD_5 /(mg/L)	SS /(mg/L)	NH_3-N /(mg/L)	TN /(mg/L)	TP /(mg/L)	pH	T /℃
进水水质	500	180	150	30	40	8	6~9	12~25

（2）某工业生产废水处理厂设计水量：$Q=1000$ m³/d。进水水质见表 2-2。

表 2-2 某工业生产废水处理厂设计进水水质

水质指标	COD_{Cr} /(mg/L)	BOD_5 /(mg/L)	SS /(mg/L)	NH_3-N /(mg/L)	TN /(mg/L)	TP /(mg/L)	pH	T /℃
进水水质	860	300	200	15	20	1	6~9	12~25

（3）某生活污水处理厂设计水量：$Q=20000$ m³/d。进水水质见表 2-3。

表 2-3 某生活污水处理厂设计进水水质

水质指标	COD_{Cr} /(mg/L)	BOD_5 /(mg/L)	SS /(mg/L)	NH_3-N /(mg/L)	TN /(mg/L)	TP /(mg/L)	pH	T /℃
进水水质	350	150	200	35	40	3.5	6~9	12~25

2. 排放标准

工业园区综合污水处理厂和生活污水处理厂达到《城镇污水处理厂污染物排放标准》（GB 18918—2002）中一级 B 标，工业生产废水处理厂达到《污水综合排放标准》（GB 8978—1996）中一级标准。

3. 处理工艺流程

（1）某工业园区综合污水处理厂（有以下 2 种工艺流程供选择）。

①污水处理流程：污水→预处理单元→水解酸化池→生物膜法→絮凝反应池→过滤池→接触消毒池→出水。

污泥处理流程：污泥→剩余污泥池→贮泥池→浓缩一体脱水机→泥饼外运。

②污水处理流程：污水→预处理单元→水解酸化池→A/O 生物池→絮凝反应池→沉淀池→接触消毒池→出水。

污泥处理流程：污泥→剩余污泥池→贮泥池→浓缩一体脱水机→泥饼外运。

（2）某工业生产废水处理厂（有以下 2 种工艺流程供选择）。

①污水处理流程：污水→预处理单元→水解酸化池→活性污泥生物池（好氧段）→二沉池→接触消毒→出水。

污泥处理流程：污泥→剩余污泥池→污泥浓缩池→板框压滤机→泥饼外运。

②污水处理流程：污水→预处理单元→水解酸化池→生物膜法生物池（好氧段）→二沉池→接触消毒→出水。

污泥处理流程：污泥→剩余污泥池→污泥浓缩池→板框压滤机→泥饼外运。

（3）某生活污水处理厂（有以下 4 种工艺流程供选择）。

①污水处理流程：污水→预处理单元→A^2/O 生化池→辐流式二沉池→紫外线消毒→出水。

污泥处理流程：污泥→剩余污泥池→贮泥池→浓缩一体脱水机→泥饼外运。

②污水处理流程：污水→预处理单元→氧化沟（卡鲁塞尔）生化池→辐流式二沉池→紫外线消毒→出水。

污泥处理流程：污泥→剩余污泥池→贮泥池→浓缩一体脱水机→泥饼外运。

③污水处理流程：污水→预处理单元→CASS 生化池→紫外线消毒→出水。

污泥处理流程：污泥→剩余污泥池→贮泥池→浓缩一体脱水机→泥饼外运。

④污水处理流程：污水→预处理单元→氧化沟（奥贝尔）生化池→辐流式二沉池→接触消毒→出水。

污泥处理流程：污泥→剩余污泥池→贮泥池→浓缩一体脱水机→泥饼外运。

（4）自行选择工艺（设计组自己选择工艺）。

①生活污水处理厂。

②工业园区综合污水处理厂。

4. 气象与水文资料

（1）降雨。

年平均降雨量 8595 mm，年最大降雨量 1360 mm，最大日降雨量 296 mm，年平均蒸发量 1200 mm，全年降雨量的 60％集中在 6～8 月份。此部分内容也可自拟。

（2）气温。

历年最高气温 40.1℃，历年最低气温 −23.3℃，年平均气温 12℃，最高月平均气温 25℃，最低月平均气温 −5℃。此部分内容也可自拟。

（3）风向。

年主导风向东南偏北。此部分内容也可自拟。

（4）地质。

地震烈度 6 度。

5. 厂区地形

此部分内容自拟。

（四）设计内容

（1）对工艺构筑物选型做说明。

（2）主要处理设施（格栅、沉砂池、初沉池、生化反应池、二沉池等）的工艺计算。

（3）污水处理厂平面布置和高程布置。

（五）设计成果

（1）设计计算说明书一份。

（2）设计图纸 2 张（厂区平面布置图和高程布置图）。

四、水污染控制工程课程设计指导书

（一）总体要求

（1）为充分发挥设计人员团队作战的精神，本次设计是以组为单位来共同完成 1 个设计任务。在设计过程中，组长要组织和协调好各种关系，把组员分成几个小组，把设计任务分解成几部分，合理地分配给组员。组员在设计过程中既要发挥独立思考、独立工作的能力，又要有大局意识，与同组成员积极配合，共同完成任务。

（2）本课程设计训练的重点是污水处理主要构筑物的设计计算和总体布置。

（3）课程设计不要求对设计方案作比较，可以不进行污泥处理构筑物的计算。按技术特征进行污水处理构筑物和处理设备的选型说明。

（4）设计计算说明书，应内容完整（包括计算草图）、简明扼要、文句通顺、字迹工整。设计图纸应按标准绘制，内容完整，主次分明。

（二）设计要点

1. 污水处理设施设计的一般规定

污水处理厂所在地的排水系统为合流制，污水流量总变化系数按《室外排水设计规范》（2014 版）（GB 50014—2006）选取。

处理构筑物流量：生化反应池之前，各种构筑物按最大日最大时流量设计；生化反应池之后（包括生化反应池），构筑物按平均日平均时流量设计。

管渠设计流量：按最大日最大时流量设计。

各处理构筑物不应小于 2 组（个或格），且按平行设计。

2. 预处理单元

根据原废水中有机物、悬浮物的含量以及后续生化处理工艺的要求确定预处理工艺。对 SS 含量较高的废水，在预处理时一般要设置格栅、沉砂池、初沉池等处理单元。对生活污水的处理必须设置沉砂池，初沉池的设置可根据后续生化处理工艺来确定，在 SBR 工艺、氧化沟工艺前可以不用设置初沉池。

（1）格栅设计一般规定。

①栅隙。

水泵前格栅栅条间隙应根据水泵要求确定。

废水处理系统前格栅栅条间隙应符合下列要求：最大间隙 40 mm，其中人工清除 25~40 mm，机械格栅清除 16~25 mm。废水处理厂也可设置粗、细两道格栅，粗格栅栅条间隙 50~100 mm。大型废水处理厂也可设置粗、中、细三道格栅。如泵前格栅间隙不大于 25 mm，废水处理系统前可不设置格栅。

②栅渣。

栅渣量与多种因素有关，在无当地运行资料时，可以采取下列资料。

格栅间隙 16~25 mm：$0.10~0.05\ \mathrm{m^3/10^3 m^3}$（栅渣量/废水量）。

格栅间隙 30~50 mm：$0.03~0.01\ \mathrm{m^3/10^3 m^3}$（栅渣量/废水量）。

栅渣量的含水率一般为 80%，容量约为 960 kg/m³。

大型废水处理厂或泵站前的大型格栅（每日栅渣量大于 0.2 m³），一般应采用机械格栅。

③其他参数。

过栅流速一般采用 0.6~1.0 m/s。

格栅前渠道内水流速度一般采用 0.4~0.9 m/s。

格栅倾角一般采用 45°~75°，小角度较省力，但占地面积大。

通过格栅的水头损失与过栅流速相关，一般采用 0.08~0.15 m。

（2）沉砂池设计一般规定。

①池型选择。

对于一座理想的沉砂池，最好在去除所有无机砂粒的同时，将砂粒表面附着的所有有机组分分离出来，以利于砂粒的最终处置。因此，在进行沉砂池设计时，主要考虑两方面问题：一是如何通过合理的水力设计，使得尽可能多的砂粒得以沉降，并以可靠便捷的方式排出池外；二是采用何种有效方式，尽可能多地分离附着在砂粒上的有机物，并将其送回到废水中。

平流式沉砂池采用分散性颗粒的沉淀理论设计，只有当废水在沉砂池中的运行时间等于或大于设计砂粒沉降时间时，才能够实现砂粒的截留。由于实际运行中进水量和含砂量的情况在不断变化，甚至变化幅度很大，因此进水波动较大，平流式沉砂池的去除效果很难保证。平流式沉砂池本身不具有分离砂粒上有机物的能力，对于排出的砂粒必须进行专门的砂洗。

曝气沉砂池的特点是通过曝气形成水的旋流产生洗砂作用，以提高除砂效率及有机物分离效率。研究表明，当处理的砂粒的粒径小于 0.6 mm 时，曝气沉砂池有明显的优越性。对粒径为 0.2~0.4 mm 的砂粒，平流式沉砂池仅能截留 34%，而曝气沉砂池则有 66% 的截留效率，两者相差一倍。但对于粒径大于 0.6 mm 砂粒，情况恰恰相反。这种差异说明进水砂粒中的不同粒径级配对于不同沉砂池除砂效率的影响。只要旋流速度保持在 0.25~0.35 m/s 的范围内，即可获得良好的除砂效果。尽管水平流速因进水量的波动差别很大，但只要上升速度保持不变，其旋流速度可维持在合适的范围内。曝气沉砂池的这一特点使其具有良好的耐冲击性，对于流量波动较大的废水厂较为适用。

旋流式沉砂池的特点是可节省占地面积及土建费用、降低能耗、改善运行条件。但由于目前国内采用的旋流式沉砂池多为国外产品，往往价格过高，其在土建造价上的节省通常会被抵消。

②设计流量。

沉砂池的设计流量应按分期建设考虑：当废水为自流进入时，应按每期的最大流量设计；当废水为提升进入时，按每期工作水泵的最大组合流量计算；在合流制处理系统中，应按降雨时的设计流量设计计算。

③除砂粒径。

沉砂池按去除相对密度 2.65、粒径 0.2 mm 以上的砂粒设计。

④沉砂量与砂斗设计。

城市污水的沉砂量可按 15~30 m³/10⁶m³（砂量/废水量）计算，其含水率为 60%，容重为 1500 kg/m³，合流制废水的沉砂量应该根据实际情况确定；砂斗容积应按照不大于 2 d 的砂量计算，斗壁与水平面的倾角不应小于 55°。

⑤除砂方式。

除砂方式一般采用机械方法，并设置贮砂池或晒砂场。采用人工排砂时，排砂管直径不应小于 200 mm。

当采用重力排砂时，沉砂池和贮砂池应尽量靠近，以缩短排砂管的长度，并设排砂闸门于管道的首段，使排砂管畅通，易于维护管理。

⑥沉砂池设置。

城市污水处理厂一般应设置沉砂池。

沉砂池的个数或分格数不应少于 2 个，并宜按并联设置。当废水量较少时，可以考虑 1 格工作，1 格备用。

沉砂池的超高不应小于 0.3 m。

（3）沉淀池设计一般原则。

①设计流量。

沉淀池的设计流量应按分期建设考虑：当废水为自流进入时，设计流量为每期的最大设计流量；当废水为提升泵进入时，设计流量为每期工作泵的最大组合流量；在合流制处理系统中，应按降雨时的设计流量计算，沉淀时间不应小于 30 min。

②池（格）数。

沉淀池的个数或分格数不应少于 2 个，并宜按并联设置。

③设计参数。

城市污水的沉淀池的设计参数可参考表 2-4。工业废水由于差别较大，沉淀池的设计参数应根据试验结果或运行经验确定。

表 2-4　沉淀池的设计参数

沉淀池类型	沉淀时间 /h	表面水力负荷 /[m³/(m²·h)]	污泥含水率 /%	固体负荷 /[kg/(m²·d)]	堰口负荷 /[L/(s·m)]
初次沉淀池	1.0~2.5	1.2~2.0	95~97	—	≤2.9

④有效水深、超高及缓冲层。

沉淀池的有效水深宜采用 2~4 m。辐流式沉淀池指池边水深；超高至少采用 0.3 m；缓冲层一般采用 0.3~0.5 m。

⑤初次沉淀池。

应设置撇渣设施。

⑥沉淀池入口或出口。

均应采取整流措施。

⑦污泥区容积及泥斗构造。

初次沉淀池的污泥区容积宜按不大于 2 d 的污泥量计算；采用机械排泥时，可按 4 h 的污泥量计算。污泥斗的斜壁与水平夹角：方斗宜为 60°，圈斗宜为 55°。

⑧污泥排放。

采用机械排泥时，可连续排泥或间歇排泥；不用机械排泥时，应每日排泥。对于多斗排泥的沉淀池，每个泥斗均应设单独闸阀和排泥管。采用静水压力排泥时，初次沉淀池不应小于 1.5 m，排泥管直径不应小于 200 mm。

⑨出水布置。

为减轻堰的负荷，或为改善水质，可采用多槽沿程出水布置。

⑩阀门。

每组沉淀池有两个池以上时，为使每个池的入流量相同，应在入流口设置调节阀门，以调节整流量。

3. 生化反应池一般设计原则

(1) 氧化沟法一般设计原则。

①反应池。

类型：目前国内常用的几种氧化沟系统为卡鲁塞尔（Carrousel）氧化沟、交替工作氧化沟系统、二沉池交替运行氧化沟系统、奥贝尔（Orbal）型氧化沟系统、曝气－沉淀一体化氧化沟。

池型：氧化沟构造形式多样，基本形式的氧化沟，其曝气池呈封闭的沟渠形（传统氧化沟），而沟渠的形状和构造则多种多样，可以为圆形和椭圆形等形状，可以是单沟或多沟。氧化沟内水深一般为 2.5~4.5 m，也有达 7 m 水深的。宽深比一般为 2∶1，沟内平均流速应大于 0.25 m/s。

反应池的出水方式：出水一般采用溢流堰式，宜于采用可升降式的，以调节池内水深。采用交替工作系统时，溢流堰应自动启闭，并与进水装置相呼应，以控制沟内水流方向。

②曝气设备。

氧化沟曝气设备形式多种多样，常用的曝气装置有转刷、转盘、表面曝气器和射流曝气器等。不同的曝气装置导致不同的氧化沟形式。氧化沟中混合液在好氧区中的溶解氧 DO 的浓度为 2~3 mg/L。

③设计参数（见表 2-5）。

表 2-5　氧化沟法设计参数

项目	单位	参数
污泥浓度（MLSS）X	g/L	2.5~4.5
污泥负荷 L_s	kgBOD$_5$/(kgMLSS · d)	0.03~0.08
污泥龄 θ_c	d	15~30
需氧量 O_2	kgO$_2$/kgBOD$_5$	1.5~2.0
水力停留时间 HRT	h	大于 16
污泥产率系数 Y	kgVSS/kgBOD$_5$	0.3~0.6
污泥回流比 R	%	75~150

（2）厌氧－缺氧－好氧（A^2/O）生物脱氮除磷工艺一般设计原则。

①反应池。

池型：池体多为矩形结构，厌氧池、兼氧池、好氧池体积之比约为 1：1：3。

池数：分为厌氧池、兼氧池、好氧池 3 格，并按此顺序串联。

反应池的进出水方式：厌氧－缺氧－好氧（A^2/O）生物脱氮除磷工艺进出水应考虑均匀布水集水。进水多采用穿孔布水管，出水多采用出水堰板。

②曝气设备。

微孔曝气器及可变微孔曝气器：微孔曝气器对压缩空气中的含尘量有一定要求，每个微孔曝气的充气量为 $1.5\sim2~m^3/h$。

中粗气泡曝气器：此类曝气器混合能力提高，氧传输能力在 $6\%\sim12\%$，池内服务面积为 $3\sim9~m^2$/个。

穿孔曝气管：氧利用率介于 $10\%\sim13\%$ 之间，动力效率约为 $2~kgO_2/(kW \cdot h)$。

③设计参数（见表 2-6）。

表 2-6　厌氧－缺氧－好氧（A^2/O）生物脱氮除磷工艺设计参数

项目	单位	参数
BOD 污泥负荷 N_s	$kgBOD_5/(kgMLSS \cdot d)$	$0.1\sim0.2$
污泥浓度（MLSS）X	g/L	$2.5\sim4.0$
污泥龄 θ_c	d	$10\sim20$
污泥产率系数 Y	$kgVSS/kgBOD_5$	$0.3\sim0.5$
需氧量 O_2	$kgO_2/kgBOD_5$	$1.1\sim1.6$
水力停留时间 HRT	h	$7\sim14$（厌氧 $1\sim2$ h，缺氧 $0.5\sim3$ h）
污泥回流比 R	%	$20\sim100$
混合液回流比 R_i	%	大于 200
总处理率	%	$85\sim95$（BOD_5）
	%	$50\sim75$（T-P）
	%	$55\sim80$（T-N）

（3）间歇式活性污泥法（SBR）一般设计原则。

①反应池。

类型：可分为完全混合型与循环水渠式。前者进排水装置之间应考虑防止水流的短流。后者就是氧化沟群，按 SBR 系统原理运行。

池型：可分圆形与矩形两种。前者占地面积大，多采用后者。反应池水深宜为 $4.0\sim6.0$ m；对于反应池长宽比，间歇进水时宜为 $(1\sim2)$：1，连续进水时宜为 $(2.5\sim4)$：1。

池数：一般等于或大于 2 座。

反应池的进水方式：间歇进水或连续进水。当池子容积较大、进水浓度高时，其进水可采取多点进水方式。对高浓度进水，可延长进水期，采取非限制曝气或脉冲曝气。对于低浓度进水，则适当减缩进水时间。

②曝气设备。

微孔曝气器及可变微孔曝气器：微孔曝气器对压缩空气中的含尘量有一定要求。

中粗气泡曝气器：此类曝气器混合能力提高，氧传输能力为 6%～12%，池内服务面积为 3～9 m^2/个。

自吸式射流曝气器：射流曝气是一种利用射流曝气器把液体或气液混合流喷射入曝气池，以增加池中氧含量的曝气系统。自吸式射流曝气器是射流器的一种。它以水泵为动力源，水泵抽吸曝气池中的混水混合液，沿管路射入喷嘴，在喷嘴出口处由于射流和空气之间的黏滞作用，把喷嘴附近空气带走，使喷嘴附近形成真空，在外界大气压作用下，空气被源源不断地吸入射流器中，三相混合液在管中强烈混合搅动，使空气泡粉碎成雾状，继而在扩散管内使微细气泡进一步压缩，氧迅速转移到混合液中，从而强化氧的转移过程。

喷射式混合搅拌器：此类曝气系统的氧传递效率可达 10%～15%，动力效率为 3～6 kgO_2/(kW·h)，服务面积为 9 m^2/个，比较省电，比通常曝气装置节能 20%～50%。

③滗水装置。

采用浮动式或固定式排水堰等。常用的滗水器类型有旋转式滗水器、虹吸式滗水器、套筒式滗水器、软管式滗水器等。

④设计参数（见表 2-7）。

表 2-7 SBR 工艺设计参数

项目	单位	参数
污泥浓度（MLSS）X	g/L	1.5～5.0
污泥负荷 L_s	$kgBOD_5$/(kgMLSS·d)	0.03～0.4
污泥龄 θ_c	d	3～25
需氧量 O_2	kgO_2/$kgBOD_5$	0.5～3.0
水力停留时间 HRT	h	3～16
出水堰口负荷	L/(s·m)	22～28
活性污泥界面以上最小水深	m	0.5

4. 二沉池设计一般原则。

(1) 设计流量。

二沉池的设计流量应按分期建设考虑：二沉池的设计流量应为每期污水最大设计流量，不包括回流污泥量。但在中心筒的设计应包括回流污泥量，中心筒的下降流速不应超过 0.03 m/s。

(2) 池（格）数。

二沉池的个数或分格数不应少于 2 个，并宜按并联设置。

（3）设计参数。

二沉池中污泥成层沉淀的速度 v 在 0.2～0.5 mm/s 之间，相应表面负荷 q 在 0.72～1.8 $m^3/(m^2 \cdot h)$ 之间。混合液污泥浓度与沉降速度 v 值的关系见表 2—8。

表 2—8　混合液污泥浓度与沉降速度 v 值的关系

混合液悬浮物固体浓度 MLSS/（mg/L）	沉降速度 v/（mm/s）	混合液悬浮物固体浓度 MLSS/（mg/L）	沉降速度 v/（mm/s）
2000	小于 0.5	5000	0.22
3000	0.35	6000	0.18
4000	0.28	7000	0.14

二沉池的固体负荷 G 一般为 140～160 $kg/(m^2 \cdot d)$，斜板（管）二沉池可加大到 180～195 $kg/(m^2 \cdot d)$。

出水堰负荷不宜大于 1.7 L/(s·m)。

二沉池宜采用连续的机械排泥措施。当用静水压力排泥时，对于二沉池的静水头，生物膜法后不小于 1.2 m，曝气池后不小于 0.9 m。污泥斗的斜壁与水平夹角不应小于 50°。

5. 消毒池设计一般原则

（1）设计流量。

消毒池的设计流量应为污水最大设计流量，池体多呈矩形。

（2）池（格）数。

消毒池的设计应在保障消毒效果的前提下，使得药剂与水体充分接触。

（3）消毒选择。

常用的消毒方式有液氯消毒、次氯酸钠消毒、二氧化氯消毒、臭氧消毒、紫外线消毒等。

（4）设计参数（见表 2—9）。

表 2-9　消毒池设计参数

消毒方式		液氯	次氯酸钠	二氧化氯	臭氧	紫外线
杀毒有效性		较强	中	强	最强	强
效能	细菌	有效	有效	有效	有效	有效
	病毒	部分有效	部分有效	部分有效	有效	部分有效
	芽孢	无效	无效	无效	有效	无效
一般投加量 /（mg/L）		5～10	5～10	5～10	10	—
接触时间		10～30 min	10～30 min	10～30 min	5～10 min	10～100 s
一次投资		低	较高	较高	高	高
运作成本		便宜	贵	贵	最贵	较便宜

（三）平面布置

论述平面布置原则，在此基础上，依据厂区气象、工程地形、构筑物形式及相互连接等确定本设计的平面布置。平面布置原则参考《排水工程》（下），课程设计时重点考虑厂区功能区划、处理构筑物布置、构筑物之间及构筑物与管渠之间的关系。

厂区平面布置时，除处理工艺管道之外，还应有空气管和超越管，管道之间及其与构筑物、道路之间应有适当间距。

污水处理厂厂区主要车行道宽 6～8 m，次要车行道宽 3～4 m，一般人行道宽 1～3 m。道路两旁应留出绿化带及适当间距。

本课程设计可不对污泥处理设施进行设计，污泥处理部分场地面积预留可相当于污水处理部分占地面积的 20%～30%。

污水处理厂厂区适当规划设计机房（水泵、风机、剩余污泥、回流污泥、变配电用房）、办公（行政、技术、中控用房）、机修及仓库等辅助建筑。

平面布置图比例 1：（100～1000），图面参考《给水排水制图标准》（GB/T 50106—2001），重点表达构筑物外形及其连接管渠，内部构造不表达。

（四）高程布置

高程布置原则参考《排水工程》（下），污水处理厂高程布置时，所依据的主要技术参数是构筑物高度和水头损失。

流程中的水头损失在数值上等于处理流程中两个相邻构筑物之间的水面高差。它主要由三部分组成，即构筑物本身的、连接管（渠）的及计量设备的水头损失。因此进行高程布置时，应首先计算这些水头损失，同时计算所得的数值应考虑一些安全因素，以便留有余地。

（1）处理构筑物的水头损失。

构筑物的水头损失与构筑物种类、形式和构造有关。初步设计时，可按表 2-10 所列数据估算。污水流经处理构筑物的水头损失，主要产生在进口、出口和需要的跌水处，而流经构筑物本身的水头损失则较小。

表 2-10　处理构筑物的水头损失

构筑物名称		水头损失/cm	构筑物名称	水头损失/cm
格栅		10～25	生物滤池（工作高度为 2 m 时）	
沉砂池		10～25	①装有旋转式布水器	270～280
沉淀池	平流式	20～40	②装有固定喷洒布水器	450～475
	竖流式	40～50	混合池或接触池	10～30
	辐流式	50～60	污泥干化场	200～350
双层沉淀池		10～20	配水井	10～20
曝气池	污水潜流入池	25～50	混合池（槽）	40～60
	污水跌水入池	50～150	反应池	40～50

（2）构筑物连接管（渠）水头损失。

连接管（渠）的水头损失包括沿程与局部水头损失，可按下式计算确定：

$$h = h_1 + h_2 = \sum iL + \sum \xi \frac{v^2}{2g}$$

式中　　h_1——沿程水头损失（m）；

　　　　h_2——局部水头损失（m）；

　　　　i——单位管长的水头损失，根据流量、管径和流速等查阅《给水排水设计手册》获得；

　　　　L——连接管段长度（m）；

　　　　ξ——局部阻力系数，查相关设计手册；

　　　　g——重力加速度（m/s²）；

　　　　v——连接管中流速（m/s）。

连接管中流速一般为 0.6~1.2 m/s，进入沉淀池时，流速可以低些；进入曝气池或反应池时，流速可以高些。流速太低，会使管径过大，相应管件及附属构筑物规格也增大；流速太高，则要求管（渠）坡度较大，会增加填、控土方量等。

确定管径时，必要时应适当考虑留有水量发展的余地。

（3）计量设施的水头损失。

计量槽、薄壁计量堰、流量计的水头损失可通过有关计算公式、图表或设备说明书确定。一般污水厂进、出水管上计量仪表中水头损失可按 0.2 m 计算，流量指示器中的水头损失可按 0.1~0.2 m 计算。

污水泵、污泥泵应分别计算静扬程、水头损失（局部水头损失估算）和自由水头确定扬程。

高程图横向和纵向比例一般不相等，横向比例可选 1∶1000 左右，纵向比例可选 1∶500左右。

五、对设计文件内容和质量的要求

（一）设计要求

（1）应有工艺流程过程说明，论述现有城市废水处理的流程和各处理单元的功能及相互作用关系。

（2）应说明构筑物设计参数，并列出数值。

（3）应说明采用的主要设备的型号和主要参数。

（4）设计计算书应有封页和目录。

（5）构筑物工艺设计计算中应确定主要构筑物的形式和工艺尺寸。应列出所采用全部计算公式和采用的计算数据，并附相应计算草图。

（6）计算说明选择主要设备型号、数量的理由。

（7）应结合污水厂总体布置原则与污水处理实际过程需要，说明污水厂平面布置和高程布置的合理性，并附平面和高程布置草图。

（二）设计内容

有关内容如下所列。

第一章　总论

　　第一节　设计任务和内容

　　第二节　基本资料

第二章　工艺流程

　　第一节　工艺流程图

　　第二节　污水处理工艺过程说明

第三章　处理构筑物设计

　　第一节　污水预处理部分

　　第二节　污水生化处理部分

　　第三节　二沉池

　　第四节　污水消毒部分

第四章　主要设备说明

第五章　污水处理厂总体布置

　　第一节　主要构（建）筑物与附属建筑物

　　第二节　污水处理厂平面布置

　　第三节　污水处理厂高程布置

（三）设计图纸

（1）污水厂总平面图上应绘出主要处理构筑物、处理建筑物、辅助构（建）筑物、附属建筑物及厂区界限等。

①图中应附构（建）筑物一览表，说明各构（建）筑物的名称、数量及主要外形尺寸。

②图中应附图例及必要的文字说明。

③图中应附比例、风频玫瑰图。

（2）论述高程布置原则，在此基础上确定本设计的高程布置。

①污水高程图上应绘出主要处理构筑物和设施的构造简图。

②图上应标出主要处理构筑物和设施的顶、底及水面高程。

③图上应附处理构筑物、设备名称。

④图上应附图例、比例。

（3）图中文字一律用仿宋书写。图例的表示方法应符合一般规定和制图标准。图纸应注明图标栏及图名。图纸应清洁美观，主次分明，线条粗细有别。

六、水污染控制工程课程设计步骤

（1）明确设计任务及基础资料，复习有关污水处理的知识和设计计算方法，准备好污水处理工程的设计手册和设计规范。

（2）分析并确定污水处理工艺过程，确定污水处理构筑物的选型。

（3）确定各处理构筑物的流量。

（4）初步计算各处理构筑物的占地面积，并由此规划污水处理厂的平面布置和高程布置，以便考虑构筑物的形状、安设位置、相互关系以及某些主要尺寸。

（5）选定设计参数的取值，利用计算公式进行各处理构筑物的设计计算。

（6）确定辅助构（建）筑物、附属建筑物的数量及面积。

（7）进行污水处理厂的平面布置和高程布置。

（8）设计图纸绘制。

（9）设计计算说明书校核整理。

七、水污染控制工程课程设计的主要参考资料

（一）法律法规

《中华人民共和国水法》，自 2002 年 10 月 1 日起施行。

《中华人民共和国环境保护法》，自 2015 年 1 月 1 日起施行。

《中华人民共和国水污染防治法》，自 2008 年 6 月 1 日起施行。

《中华人民共和国水污染防治法实施细则》，自 2000 年 3 月 20 日起施行。

《国务院关于环境保护若干问题的决定》，国发（1996）31 号文件，1996 年 8 月 3 日颁布。

（二）规范性文件

《城市污水处理及污染防治技术政策》，城建（2000）124 号文件，自 2000 年 5 月 29 日起施行。

（三）设计规范

《室外给水设计规范》（GB 50013—2006）

《室外排水设计规范》（GB 50014—2006）

《建筑给水排水设计规范》（GB 50015—2010）

《城市排水工程规划规范》（GB 50318—2000）

《污水再生利用工程设计规范》（GB 50335—2002）

《泵站设计规范》（GB 50265—2010）

《地表水环境质量标准》（GB 3838—2002）

《城镇污水处理厂污染物排放标准》（GB 18918—2002）

《污水综合排放标准》（GB 8978—1996）

《污水排入城市下水道水质标准》（CJ 343—2010）

《建筑设计防火规范》（GB 50016—2014）

《混凝土结构设计规范》（GB 50010—2010）

《建筑地基基础设计规范》（GB 50007—2002）

《建筑结构荷载规范》（GB 50009—2012）

《给水排水工程构筑物结构设计规范》（GB 50069—2002）

《给水排水工程钢筋混凝土水池结构设计规程》（CECS 138—2002）

《给水排水工程管道结构设计规范》(GB 50332—2002)

《城镇污水厂附属建筑和附属设备设计标准》(CJJ 32—89)

《建筑结构可靠度设计统一标准》(GB 50068—2001)

《水工混凝土结构设计规范》(DL/T 5057—2009)

《供配电系统设计规范》(GB 50052—2009)

《10 kV 及以下变电所设计规范》(GB 50053—94)

《低压配电设计规范》(GB 50054—2011)

《电力装置的继电保护和自动装置设计规范》(GB 50062—2008)

《电力工程电缆设计规范》(GB 50217—2007)

《电力装置的电测量仪表装置设计规范》(GB 50063—2008)

《建设工程施工现场供用电安全规范》(GB 50194—93)

《建筑物防雷设计规范》(GB 50057—2010)

《建筑照明设计标准》(GB 50034—2013)

《通用用电设备配电设计规范》(GB 50055—2011)

《民用建筑电气设计规范》(JGJ/T 16—2008)

《综合布线系统工程设计规范》(GB 50311—2007)

(四)其他参考资料

(1) 给水排水设计手册(1 册,4 册,5 册,9 册,10 册,11 册,续册 1、2、3、4、5)[M]. 北京:中国建筑工业出版社,1995.

(2) 郑铭. 环保设备——原理·设计·应用 [M]. 北京:化学工业出版社,2001.

(3) 上海市环境保护局. 废水物化处理 [M]. 上海:同济大学出版社,1999.

(4) 聂梅生. 水工业设计手册——水工业工程设备 [M]. 北京:中国建筑工业出版社,2000.

(5) 丁亚兰. 国内外废水处理工程设计案例 [M]. 北京:化学工业出版社,2000.

(6) 张自杰. 排水工程(下)[M]. 北京:中国建筑工业出版社,2013.

(7) 高俊发. 污水处理厂工艺设计手册 [M]. 北京:化学工业出版社,2002.

(8) 曾科. 污水处理厂设计与运行管理 [M]. 北京:化学工业出版社,2011.

(9) 胡纪萃. 废水厌氧生物处理理论与技术 [M]. 北京:中国建筑工业出版社,2003.

(10) 高廷耀. 水污染控制工程 [M]. 北京:高等教育出版社,2008.

第三章　工业园区综合污水处理工程工艺设计案例

第一节　5000 m³/d 某工业园区综合污水处理厂工艺设计（接触氧化法）

设计者：以王超为组长的设计小组

一、设计任务书

（一）设计题目

某工业园区综合污水处理厂工艺设计。

（二）设计资料

1. 水量及水质

（1）设计水量 5000 m³/d。

（2）设计进水水质见表 3—1。

表 3—1　某工业园区综合污水处理厂设计进水水质

水质指标	COD_{Cr} /(mg/L)	BOD_5 /(mg/L)	SS /(mg/L)	NH_3-N /(mg/L)	TN /(mg/L)	TP /(mg/L)	pH	T /℃
进水水质	500	180	150	30	40	8	6~9	12~25

2. 处理要求

达到《城镇污水处理厂污染物排放标准》（GB 18918—2002）一级 B 标。

3. 厂区条件

（1）地势平坦。

（2）气象条件。

最低气温：12℃。

最高气温：25℃。

年平均气温：18℃。

主风向：东南风。

4. 进水条件

进水水头：无压。

来水管底高程：593 m。

5. 排水条件

距离厂区围墙西侧 300 m 有一河流，河流最大流量 33 m³/s，最小流量 1.7 m³/s，最高水位 593 m（50 年一遇）。使用功能主要为一般工业用水及景观用水。

（三）设计内容

依据设计资料和设计要求，确定工艺流程，进行构筑物工艺设计计算，在此基础上进行平面及高程布置。

（四）设计成果

（1）设计说明书（设计内容的详细陈述、依据、计算过程）。

（2）污水处理厂平面布置图。

（3）污水处理工艺流程图。

（五）其他问题说明

（1）本次课程设计所涉及的工艺装备，参考有关设计手册及产品说明书进行选型。

（2）由于时间原因，本次课程设计可不进行污泥处理系统的设计计算。

（六）主要参考资料

（1）《室外排水设计规范》（2014 版）（GB 50014—2006）。

（2）《建筑给水排水设计规范》（GB 50015—2010）。

（3）《室外给水设计规范》（GB 50013—2006）。

（4）张自杰. 排水工程（下）[M]. 北京：中国建筑工业出版社，2013.

（5）给水排水设计手册（1 册、4 册、5 册、9 册、10 册）[M]. 北京：中国建筑工业出版社，1995.

二、工艺流程设计

考虑到工业园区综合污水的水质特点及处理出水要求达到《城镇污水处理厂污染物排放标准》（GB 18918—2002）一级 B 标，本次设计采用接触氧化法，其工艺流程如图 3-1 所示。

三、主要构筑物的设计计算

（一）格栅

格栅的主要作用是保护水泵，保证后续处理系统的正常运作。为保证充分隔离去除污水中较大悬浮物及杂质，本次格栅设计采用中格栅和细格栅联合使用。

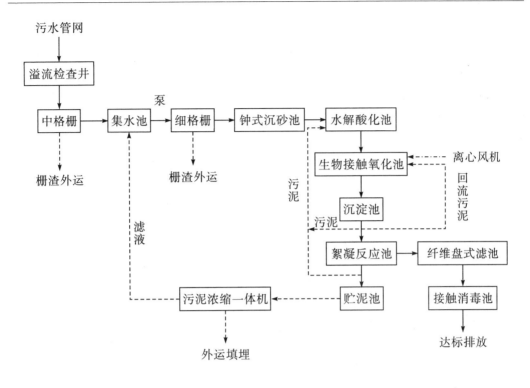

图例：
→ 污水流向
----→ 污泥流向
--·--→ 空气流向

图 3-1 接触氧化法工艺流程图

1. 主要设计参数

设计流量：$Q=5000$ m³/d，$K_z=1.5$。

2. 中格栅设计参数

过栅流速：0.6 m/s。

栅条间隙：20 mm。

栅前水深：1.20 m。

3. 细格栅设计参数

过栅流速：0.6 m/s。

栅条间隙：5 mm。

栅前水深：1.20 m。

（二）钟式沉砂池

钟式沉砂池是利用机械力控制水流流态与速度，加速砂粒的沉淀并使有机物被水流带走的装置，其主要作用是去除污水中的大量砂粒，以保证后续处理的顺利进行。

1. 主要设计参数

设计流量 $Q=5000$ m³/d，$K_z=1.5$。根据《排水工程》（下），采用 100 型钟式沉砂池。

2. 配套设备

动力及传动装置、超声波液位仪。

（三）水解酸化池

水解酸化池的主要作用是利用水解菌、酸化菌对污水中的大分子有机物进行分解，将废水中高分子难分解的有机污染物转化为小分子易分解的有机污染物，以提高生产废水的可生化性；为后续生化处理做准备，有机物去除率约为20%。

1. 主要设计参数

设计流量$Q=5000 \ \mathrm{m^3/d}$，$K_z=1.5$，停留时间HRT取12 h，则水解酸化池有效容积为：

$$V = QK_z\mathrm{HRT} = \frac{5000}{24} \times 1.5 \times 12 = 3750 \ \mathrm{m^3}$$

水解酸化池分为2格，每格体积为1875 $\mathrm{m^3}$，设每个格长为25 m，有效水深为5 m，按长宽比5:3设计，则每组水解酸化池的宽为15 m，设超高为0.3m，水解酸化池的具体尺寸为$L \times B \times H = 25.0 \ \mathrm{m} \times 15.0 \ \mathrm{m} \times 5.3 \ \mathrm{m}$。

2. 配套设备

QW-100S型污泥泵、搅拌装置、超声波液位仪。

（四）生物接触氧化池

生物接触氧化池是利用好氧微生物在有氧条件下将污水中的有机物进一步分解，一部分用于合成自身细胞结构，另一部分则通过CO_2和H_2O的形式直接排入环境中。

1. 主要设计参数

设计流量$Q=5000 \ \mathrm{m^3/d}$，$K_z=1.5$，进水$S_0=180 \ \mathrm{mg/L}$，出水$S_e=20 \ \mathrm{mg/L}$。本设计采用两段式接触氧化池。

（1）污水与填料接触时间$t=10 \ \mathrm{h}$。

①一级接触氧化时间t_1占总接触氧化时间的60%，则

$$t_1 = 0.6t = 0.6 \times 10 = 6 \ \mathrm{h}$$

②二级接触氧化时间t_2占总接触氧化时间的40%，则

$$t_2 = 0.4t = 0.4 \times 10 = 4 \ \mathrm{h}$$

（2）接触氧化池尺寸计算。

①一氧化池填料体积V_1为：

$$V_1 = \frac{QK_z}{2}t_1 = \frac{5000 \times 1.5}{2 \times 24} \times 6 = 937.5 \ \mathrm{m^3}$$

②一氧化池面积为：

$$A_1 = \frac{V_1}{h_{1-3}} = \frac{937.5}{3} = 312.5 \ \mathrm{m^2}$$

③一氧化池宽B_1选取10 m，池长为：

$$L_1 = \frac{A_1}{B_1} = \frac{312.5}{10} = 31.3 \ \mathrm{m}$$

④一氧化池高中，超高 h_{1-1} 取 0.5 m，稳水层高 h_{1-2} 取 0.5 m，填料高度 h_{1-3} 取 3 m，底部构造层高 h_{1-4} 取 0.8 m，则一氧化池总高为：

$$H_1 = h_{1-1} + h_{1-2} + h_{1-3} + h_{1-4} = 0.5 + 0.5 + 3 + 0.8 = 4.8 \text{ m}$$

⑤一氧化池尺寸为：$L_1 \times B_1 \times H_1 = 31.3 \text{ m} \times 10.0 \text{ m} \times 4.8 \text{ m}$。

⑥二氧化池填料体积 V_2 为：

$$V_2 = \frac{QK_z}{2} t_2 = \frac{5000 \times 1.5}{2 \times 24} \times 4 = 625 \text{ m}^3$$

⑦二氧化池面积为：

$$A_2 = \frac{V_2}{h_{2-3}} = \frac{625}{2.5} = 250 \text{ m}^2$$

⑧二氧化池宽 B_2 选取 10 m，池长为：

$$L_2 = \frac{A_2}{B_2} = \frac{250}{10} = 25 \text{ m}$$

⑨二氧化池高中，超高 h_{2-1} 取 0.7 m，稳水层高 h_{2-2} 取 0.7 m，填料高度 h_{2-3} 取 2.5 m，底部构造层高 h_{2-4} 取 0.9 m，则二氧化池总高为：

$$H_2 = h_{2-1} + h_{2-2} + h_{2-3} + h_{2-4} = 0.7 + 0.7 + 2.5 + 0.9 = 4.8 \text{ m}$$

⑩二氧化池尺寸为：$L_2 \times B_2 \times H_2 = 25.0 \text{ m} \times 10.0 \text{ m} \times 4.8 \text{ m}$。

2. 配套设备

罗茨鼓风机、膜片式曝气器、超声波液位仪。

（五）沉淀池

沉淀池的主要作用是将两段式接触氧化池出水进行简单的沉淀，沉淀后一部分污泥回流进入接触氧化池以维持接触氧化池污泥浓度恒定，另一部分污泥直接排入贮泥池。沉淀池上部出水进入絮凝反应池。

1. 主要设计参数

设计流量 $Q = 5000 \text{ m}^3/\text{d}$，$K_z = 1.5$。

接触沉淀池表面水力负荷宜采用 $1.0 \sim 2.0 \text{ m}^3/(\text{m}^2 \cdot \text{h})$，每座沉淀池的停留时间宜采用 $1.5 \sim 4.0$ h，超高不宜小于 0.3 m，清水层高度宜为 0.4 m，缓冲层高度宜为 $0.3 \sim 0.5$ m，滤料厚度为 0.5 m。

设置两座沉淀池取设计流量 $q_{max} = 0.087 \text{ m}^3/\text{s}$，$v = 1 \text{ m}^3/(\text{m}^2 \cdot \text{h})$，则沉淀池的沉淀区面积为：

$$A = \frac{q_{max}}{v} = \frac{0.087}{0.00028} = 310 \text{ m}^2$$

修建 2 座平流式二沉池，则每座池子的面积为 105 m²。

根据平流式二沉池设计要求，长宽之比不宜小于 4，则设池长 $L = 16$ m，宽 $B = 4$ m，高 $H = 4.8$ m。

沉淀池尺寸为 $L \times B \times H = 16.0 \text{ m} \times 4.0 \text{ m} \times 4.8 \text{ m}$。

2. 配套设备

污泥泵。

（六）絮凝反应池

絮凝反应池的主要作用是在絮凝剂的作用下，使废水中的胶体和细微悬浮物凝聚成絮凝体，然后予以分离并除去。絮凝反应池可以降低原水的浊度、色度等水质的感观指标，又可以去除多种有毒有害污染物。

1. 主要设计参数

设计流量 $Q=5000 \ \mathrm{m^3/d}$，$K_z=1.5$。

参照污水处理厂处理设施设计计算，絮凝反应池混合时间为 2 min，反应时间为 20 min，反应中平均速度梯度 $G=60 \ \mathrm{s^{-1}}$，控制 GT 值为 $10^4 \sim 10^5$，絮凝剂选取 PAC、PAM，其中药剂的投加量为 15 mg/L。

絮凝混合池采用矩形池子，其尺寸为 $L \times B \times H = 2.0 \ \mathrm{m} \times 2.0 \ \mathrm{m} \times 2.0 \ \mathrm{m}$；反应池采用矩形池子，其尺寸为 $L \times B \times H = 5.0 \ \mathrm{m} \times 5.0 \ \mathrm{m} \times 3.0 \ \mathrm{m}$。

2. 配套设备

加药泵、储药罐、流量仪、控制柜、搅拌器。

（七）纤维盘式滤池

纤维盘式滤池的主要作用是去除污水中部分悬浮物以保证出水清澈，其次可以结合化学药剂进一步降低污水中磷的含量，还有去除污水中重金属元素的作用，并保证出水达到标准。

1. 主要设计参数

设计流量 $Q=5000 \ \mathrm{m^3/d}$，$K_z=1.5$。

参照污水处理厂处理设施设计计算，根据已知水量及变化系数选择：过滤盘转速为 2.7 r/min，单盘过滤面积为 $4.8 \ \mathrm{m^2}$，单盘过滤片数为 32 个，平均滤速为 $9 \ \mathrm{m^3/ \ (m^2 \cdot h)}$，单盘处理量为 $1000 \ \mathrm{m^3/d}$。

纤维盘式滤池选用 WLJ/N20 设备，其尺寸为 $L \times B \times H = 5.1 \ \mathrm{m} \times 2.6 \ \mathrm{m} \times 2.6 \ \mathrm{m}$。

2. 配套设备

WLJ/N20 纤维磐石滤池、电控柜、动力设施。

（八）接触消毒池

接触消毒池的主要作用是对处理后的污水进行消毒处理，以降低出水中可致病菌的含量。

1. 主要设计参数

设计流量 $Q=5000 \ \mathrm{m^3/d}$，$K_z=1.5$。

参照污水处理厂处理设施设计计算，采用紫外接触消毒池，每 3800 $\mathrm{m^3/d}$ 需要 14 根 320 W 紫外线消毒灯管，故高峰期灯管需要 30 根；按设备要求深度为 4 m，设渠道水流速度为 0.3 m/s；渠道过水断面积 $A=20 \ \mathrm{m^2}$；渠道宽度 $B=\dfrac{A}{H}=\dfrac{20}{4}=5 \ \mathrm{m}$；渠道总长 $L=10 \ \mathrm{m}$；接触消毒池采用矩形池子，其尺寸为 $L \times B \times H = 10.0 \ \mathrm{m} \times 5.0 \ \mathrm{m} \times 4.0 \ \mathrm{m}$。

2. 配套设备

出水堰挡板、UV300PLUS 系统紫外消毒设备、电控柜、动力系统。

（九）贮泥池

贮泥池的主要作用是用来贮存来不及处理的剩余污泥。

1. 主要设计参数

设计流量 $Q=5000$ m³/d，$K_z=1.5$，$SS_0=370$ mg/L，$SS_e=20$ mg/L，$R_1=40\%$，$R_2=85\%$（参照《污水处理厂工艺设计手册》接触氧化池），则污泥量为：

$$S = QK_z\left\{SS_0 \times \frac{R_1}{100} + \left[SS_0 \times (1-\frac{R_1}{100}) - SS_e\right] \times \frac{R_2}{100}\right\} \times 10^{-3}$$

$$= 5000 \times 1.5 \times \left\{370 \times \frac{40}{100} + \left[370 \times (1-\frac{40}{100}) - 20\right] \times \frac{85}{100}\right\} \times 10^{-3}$$

$$= 2397.75 \text{ kg/d}$$

湿污泥体积为：

$$Q_x = S \times \frac{100}{0.96} \times 10^{-3} = 2397.75 \times \frac{100}{0.96} \times 10^{-3} = 249.77 \text{ m}^3/\text{d}$$

贮泥池设有 2 座，贮泥池的贮泥时间 $t=8$ h，池高 $h_2=3.0$ m，贮泥池表面积为：

$$A = \frac{249.77 \times 8}{24 \times 3.0} = 27.8 \text{ m}^2，取 28 \text{ m}^2$$

设贮泥池宽 $B=3.0$ m，则池长 L 为：

$$L = \frac{28}{3.0} = 9.25 \text{ m}，取 9.3 \text{ m}$$

贮泥池底部为斗形，下部为 0.6×0.6 m，高度为 $h_3=2.0$ m，设超高为 0.5 m，贮泥池总高度为 $H=5.5$ m。

贮泥池尺寸为 $L \times B \times H = 4.7$ m×3.0 m×5.5 m，共 2 座。

2. 配套设备

WZB125 无堵塞排泥泵、超声波液位探测仪、CH_4 浓度探测仪。

四、高程布置和平面布置

（一）高程布置原则

（1）污水因重力流入集水池，经提升后能自流流经各处理设备及构筑物，尽量减少提升扬程，节省能源。

（2）保证厂址的安全性。

（3）针对厂区地质、地貌尽量减少厂区挖填方量，做到土方平衡，降低厂址处理费用，节省投资。

（二）高程布置

本设计当地绝对高程 600.00 m 作为污水处理站参考高程。污水处理站采用泵一级提升输送，与构筑物水面高程及构筑物内部高程无关，处理后的水在出水管道处的水压为 0.1 MPa，处理后的水自流进入受纳水体。各构筑物水力损失见表 3-2。

表 3-2 各构筑物水力损失

构筑物名称	流量 /(m³/d)	地面高程 /m	总水头损失/m	进水高程 /m	出水高程 /m	池顶高程 /m	池底高程 /m
中格栅间	5000	600.00	0.30	596.00	595.70	600.30	594.50
提升泵房	5000	600.00	0.20	597.70	603.80	603.30	590.00
细格栅间	5000	600.00	0.40	603.80	603.40	605.00	602.20
钟式沉砂池	5000	600.00	0.50	603.40	602.90	604.00	600.50
配水井	5000	600.00	0.40	602.90	602.50	603.20	600.00
水解酸化池	5000	600.00	0.25	602.50	602.25	602.80	597.25
接触氧化池	5000	600.00	0.35	602.25	601.90	602.55	598.15
絮凝沉淀池	5000	600.00	0.40	601.90	601.50	602.20	597.40
纤维盘式滤池	5000	600.00	1.50	601.50	600.00	601.80	599.20
接触消毒池	5000	600.00	0.10	600.00	599.90	600.30	596.30

（三）平面布置原则

（1）处理构筑物之间间距的确定，考虑各管道施工维修方便。

（2）考虑消防安全要求，设置必要的设施。

（3）结构紧凑，尽量采用共壁，使基建费减少。

（四）平面布置

本设计考虑到污水的来向及其处理后的排水方向，同时兼顾风向、地形，以利于创造较好的工作和休息环境，对身体健康创造良好的环境。

根据地形条件及气象条件进行平面布置，力求达到对正常工作没有影响或将影响降到最低，且工艺流程合理，功能分区明确，做到建筑物既实用又经济。

五、附图

（1）某工业园区综合污水处理厂工艺方案（接触氧化法）总平面布置图（见附图1）。

（2）某工业园区综合污水处理厂工艺方案（接触氧化法）高程图（见附图2）。

第二节　5000 m³/d 某工业园区综合污水处理厂工艺设计（改良 UCT 法）

设计者：以叶星柯为组长的设计小组

一、设计任务书

（一）设计题目

某工业园区污水处理厂工艺设计。

（二）设计资料

（1）设计规模：5000 m³/d。

（2）项目排水：工业园区污水处理厂工程。

（3）设计进出水水质和处理程度见表 3—3。

表 3—3　某工业园区污水处理厂设计进出水水质和处理程度

水质指标	COD_{Cr} /(mg/L)	BOD_5 /(mg/L)	SS /(mg/L)	NH_3-N /(mg/L)	TN /(mg/L)	TP /(mg/L)	pH	T /℃
进水水质	500	180	32	30	40	8	6～9	12～25
出水水质	≤60	≤20	≤20	≤8	≤18	≤0.5	6～9	12～25
处理程度 /%	≥96	≥88.9	≥73.3	≥73.3	≥55	≥93.8		

注：冬天最低水温 12℃，夏天最高水温 25℃。

（三）编制目的

本设计对该工业园区污水处理厂厂内工程进行方案设计，确定本工程处理规模、进出水水质、污水处理工艺以及平面布置和高程布置。

（四）编制任务

（1）确定建设规模。

（2）确定进出水水质。

（3）对处理工艺方案进行技术经济比较，提出推荐方案。

（4）平面布置和高程布置。

（5）结论和建议。

（五）编制依据和相关标准规范

1. 编制依据

建设单位提供的基础数据。

2. 相关标准规范

《中华人民共和国水污染防治法》

《中华人民共和国水污染防治法实施细则》

《建设项目环境保护管理方法》

《城镇污水处理厂污染物排放标准》（GB 18918—2002）

《污水排入城市下水道水质标准》（CJ 343—2010）

《室外排水设计规范》（2014 版）（GB 50014—2006）

《建筑结构荷载规范》（GB 50009—2012）

《给水排水工程构筑物结构设计规范》（GB 50069—2012）

《混凝土结构设计规范》（GB 50010—2010）

《建筑地基基础设计规范》（GB 5007—2011）

《建筑抗震设计规范》（GB 50011—2010）

《水工混凝土结构设计规范》（DL/T 5057—2009）

《建筑设计防火规范》（GB 50016—2014）

《地下工程防水技术规范》（GB 50108—2008）

《建筑照明设计标准》（GB 50034—2013）

《建筑物防雷设计规范》（GB 50057—2010）

《建筑结构可靠度设计统一标准》（GB 50068—2014）

《工业企业噪声卫生标准》（GB 3096—82）

《生产过程安全卫生要求总则》（GB 12801—2008）

（六）编制原则

根据国家有关政策和要求，确定以下编制原则：

（1）执行国家环境保护政策，符合国家相关法规、规范及标准。

（2）采用先进成熟的处理工艺，确保污水处理效果，节省工程投资，降低运行成本，并为将来发展留有余地。

（3）在保证污水处理效果的前提下，合理利用土地，减少占地面积，同时考虑与周边景观的协调一致。

（4）选用可靠的设备和材料，确保设施长期、安全、稳定运行。

（5）妥善处理、处置污水处理工程中产生的栅渣、污泥，避免二次污染。

（6）污水处理与环境绿化、美化相结合。

（7）环境效益为主，兼顾能源效益和经济效益。

（8）生产区和生活区分离原则。

（七）设计思想

（1）严格执行环境保护的各项规定，确保经处理后的排放水质达到国家及当地有关排放标准。

（2）本着技术先进、运行可靠、操作管理简单的原则选择污水处理工艺，使灵活性和可靠性有机地结合起来。

（3）尽可能采用节能技术处理废水。

（4）采用国内成熟先进技术设备（主要设备国产化），尽量降低工程投资和运行费用。

（5）污水处理厂建设尽量考虑操作运行稳定与维护管理简单方便。

（八）设计范围

本方案不考虑废水收集和输送系统的设计。

本方案仅包括污水处理厂界内的工艺设计。

二、污水处理工艺设计

（一）污水处理工艺选择的原则

污水处理工艺的选择直接关系到出水的水质指标能否稳定可靠地达到处理要求、运行管理是否方便、建设费用和运行费用是否节省以及占地和能耗指标的高低。因此，污水处理厂工艺的选择非常关键。

污水处理厂采用成熟可靠、经济适用的工艺技术，本工程进行工艺选择时遵循以下原则：

（1）贯彻执行国家有关法规、规范和标准的规定以及国家有关技术经济政策和行业发展方针，从我国的国情出发，针对小城镇的特点进行工艺选择。

（2）与当地的经济技术发展水平相适应，工艺技术可靠，投资省，运行费用低，操作管理方便。

（3）充分考虑各种污染物的处理程度，确保处理后的污水达到排放标准。

（4）污水处理工程中产生的栅渣、污泥能得到妥善处理，避免二次污染。

（5）严格执行国家对土地管理的有关规定，节约土地，提高土地的利用效率。

（二）污水处理工艺选择

根据国内外处理中小型城镇污水，成熟可靠的技术主要有传统的活性污泥法、SBR法、接触氧化法、A^2/O 法、改良的 UCT 法等工艺。

1. 传统的活性污泥法工艺

这是以传统的活性污泥法处理城市污水的典型工艺。其特点是好氧微生物在曝气池中以活性污泥的形态出现，并通过鼓风机曝气供给微生物所需的足够氧量，促使微生物繁殖，以分解污水中的有机物。

利用曝气池中的好氧微生物，依靠鼓风曝气供给的溶解氧进行新陈代谢，从而达到分解污水中的有机物质的目的。混合液沉淀分离，或回流到曝气池中去，原污水从池首端进入池内，回流污泥也同步注入，废水在池内呈推流形势流动至池的末端，流出池外至二沉池。

工艺特点如下：

（1）该工艺对污水的 BOD_5 和 SS 总处理效率均为 90%～95%，处理效果好。

（2）运行可靠，出水水质稳定。

（3）适宜处理大量污水，多用于大中型水厂。

（4）工艺运行费用高，在曝气池的末端造成供氧的浪费，故提高了运行成本；基建费用高，占地面积大；对水质、水量变化适应能力低。

（5）由于沉淀时间短和沉淀后碳源不足等情况，对于 N、P 的去除率低。

2. SBR 法工艺

SBR 实际上是最早出现的活性污泥法，早期局限于实验研究阶段，但近十年来，随着自动控制、生物选择器、机械制造方面的技术突破，使得这一工艺真正应用于生产实践，目前该工艺的应用正在我国逐步兴起。它是一个完整的操作过程，包括进水、反应、沉淀、排水排泥和闲置 5 个阶段。

工艺特点如下：

（1）生物反应和沉淀池在一个构筑物内完成，节省占地，土建造价低。

（2）具有完全混合式和推流式曝气池的优势，承受水量、水质冲击负荷能力强。

（3）污泥沉降性能好，不易发生污泥膨胀。

（4）对有机物和氮的去除效果好。

但传统的 SBR 工艺除磷的效果不理想，主要表现在：对脱氮除磷处理要求而言，传统 SBR 工艺的基本运行方式虽充分考虑了进水基质浓度及有毒有害物质对处理效果的影响而采取了灵活的进水方式，但由于这种考虑与脱氮或除磷所需要的环境条件相背，所以在实际运行中往往削弱脱氮除磷效果。就除磷而言，采用非限量或半限量曝气进水方式，将影响磷的释放；对脱氮而言，则将影响硝化态氮的反硝化作用而影响脱氮效果。

3. 生物接触氧化法工艺

生物接触氧化法工艺是一种兼有生物滤池法和活性污泥法特点的处理工艺。在生物接触氧化法中，微生物主要以生物膜的状态固着在填料上，同时又有部分絮体或碎裂生物膜悬浮于处理水中，生物接触氧化法生物膜上的生物相非常丰富，有细菌、真菌、原生动物和后生动物等，组成了一个比较稳定的生态系统；在适宜的水温、溶解氧和 pH 条件下，这个稳定的生物群充分利用污水中的污染物为营养源，一方面维持自身的良性发展，另一方面使污水得到充分的净化。

工艺特点如下：

（1）由于填料比表面积大，池内充氧条件良好，池内单位容积的生物固体量较高，因此，生物接触氧化池具有较高的容积负荷。

（2）由于生物接触氧化池内生物固体量多，水流完全混合，故对水质、水量的骤变有较强的适应能力。

（3）剩余污泥量少，不存在污泥膨胀问题，运行管理简便。

但接触氧化法工艺仅在填料的设置方面的投资略高于活性污泥法。

4. A²/O 法工艺

A²/O 法（厌氧-缺氧-好氧法）是一种常用的二级污水处理工艺，可用于二级污水处理或三级污水处理，以及中水回用，具有良好的脱氮除磷效果。该工艺是 20 世纪 70 年代由美国的一些专家在 A/O 法脱氮工艺基础上开发的。

工艺特点如下：

（1）本工艺在系统上可以称为最简单的同步脱氮除磷工艺，总的水力停留时间小于其他同类工艺。

（2）在厌氧（缺氧）、好氧交替运行条件下，丝状菌不能大量增殖，无污泥膨胀之忧。

（3）污泥中 P 的浓度高，污泥有很好的肥效。

（4）厌氧、缺氧、好氧三种不同的环境和不同的微生物种群的有机配合，能同时取出有机物和除磷脱氮的功能。

（5）脱氮效果受回流液比大小的影响，除磷效果则受回流污泥中夹带的 DO 和硝酸态氧的影响。

但也存在如下一些问题：

（1）除磷效果很难提高，污泥增长有一定的限度，不易提高。特别是当 P/BOD 值高时更是如此。

（2）脱氮效果也难以进一步提高，内循环量一般为（2～3）Q，不宜太高。

（3）进入沉淀池的处理水要保持一定的 DO，减少停留时间，防止产生厌氧状态和污泥释放磷现象的发生；但 DO 浓度不宜太高，以防循环混合液对缺氧反应器的干扰。

5. 改良的 UCT 法工艺

原污水中氮、磷含量较高，因此选用同步脱氮除磷工艺。由于污水水质多变，提高脱氮率，混合液内回流比 r 大一些好，这样可以保证缺氧池内硝态氮充足，达到最佳脱氮效率。但另一方面，缺氧池内硝态氮过多又会使缺氧池内出流液中含有硝态氮，回流到厌氧池对除磷不利。在水质不断变化的情况下，不可能随时调整回流比 r，要保证脱氮效率就不能影响除磷，要保证除磷效率有可能影响脱氮，于是选用以 A^2/O 为基础改良的 UCT 工艺。其工艺流程见图 3-2。

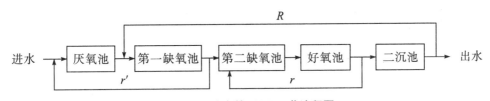

图 3-2 改良的 UCT 工艺流程图

此工艺将 UCT 工艺的缺氧池一分为二，回流污泥进入第一缺氧池，混合液回流 r 进入第二缺氧池，缺氧回流 r' 从第一缺氧池出流液引至厌氧池。由于第一缺氧池只负责反硝化回流污泥池中的硝态氮，而污水是先经过第一缺氧池后再进入第二缺氧池。因此，第一缺氧池碳源充足，硝态氮得到充分反硝化，其出流液中不存在硝酸盐、回流至厌氧池不会影响除磷。第二缺氧池则保持了充足的硝酸盐，以充分利用进入的碳源，使脱氮效果最佳，很好地解决了脱氮除磷的矛盾。

污水处理工艺对比见表 3-4。

表 3-4 污水处理工艺对比

对比项目	普通活性污泥法	接触氧化法	SBR 法	A^2/O 法	改良的 UCT 法
容积负荷	低	高	较高	高	高
污泥膨胀	有	无	无	无	无
出水稳定性	差	好	好	好	好

对比项目	普通活性污泥法	接触氧化法	SBR法	A²/O法	改良的UCT法
占地面积	大	较小	较大	较大	大
投资费用	高	较高	高	较高	较高
运行费用	低	较低	高	较低	较低
运行管理	较方便	方便	不方便	较方便	方便

根据以上比较，结合实际情况以及我们的商讨决定，污水处理工艺我们选择改良的UCT法。

三、尾水消毒

经过二级生化处理，可以达到《城镇污水处理厂污染物排放标准》（GB 18918—2002）中的一级B标。由于污水中可能含有有害细菌和致病病毒，因此还需要进行杀毒、消毒，采用接触消毒池并以二氧化氯作为消毒剂。

根据上述分析，确定本工程污水处理采用"预处理（溢流井、中细格栅、提升泵房、涡流沉砂池）→水解酸化池→改良UCT生化反应一体池→配水井→竖流式沉淀池→接触消毒池"工艺技术。

四、污水处理工艺

（一）污水处理工艺流程

污水处理（改良UCT法）工艺流程见图3-3。

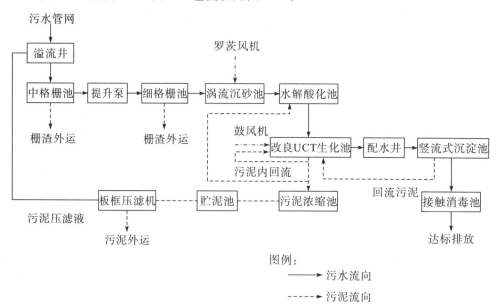

图3-3 污水处理（改良UCT法）工艺流程

（二）工艺说明

1. 污水处理工艺简述

污水由城镇污水管网的各支管收集，再汇集到干管进入污水处理站处理。

（1）预处理阶段。

污水首先经过中格栅池去除污水中的飘浮物及部分大型悬浮物，再由提升泵将污水提升至细格栅去除小型悬浮物，然后进入钟式沉砂池，去除细小固体颗粒及沉砂，减轻后续处理单元负荷，最后经水解酸化池进入生化处理阶段。

（2）生化处理阶段。

经预处理后的污水自流排入改良 UCT 生化池。污水在改良 UCT 生化池进行生物降解，在微生物的新陈代谢作用下降解污水中各种有机污染物。改良 UCT 生化池末端混合液由泵回流至缺氧区，改良 UCT 生化池出水进入配水井中，经配水井配水后进入竖流式沉淀池，经消毒处理后排入小清流河。

（3）消毒处理。

经过生化处理的污水可能含有有害细菌和致病病毒，需进行杀毒消毒，污水进入消毒池后经二氧化氯消毒达标排放。

为了便于对排水的监测取样，在消毒池后设置计量明渠，进行流量测定后排入小清流河。

2. 污泥处理流程

从水解酸化池和改良 UCT 生化池收集的总剩余污泥送至污泥浓缩池，池中污泥经贮泥池进入板框压滤机进行压滤，滤液返回截流井，脱水后的干污泥外运。

五、主要构筑物及设备工艺设计

构筑物及设备的设计和选型直接影响着工程的造价、运行成本、维护频次和使用寿命，是决定污水厂建设成本的关键因素之一。

构筑物材料主要以钢筋混凝土为主，输送泵采用可靠的 PVDF 或不锈钢等材质。

工艺管道采用 PVC；曝气管道为碳钢管，水下部分采用 PVC，污泥管道除进入脱水压滤机的管道为碳钢管外，其他基本为 PVC 管，污水干管采用 FRPP 双壁加筋波纹管。

（一）污水的预处理系统

1. 溢流井的设计

溢流井的作用以调节水量、水质为主。

设计参数如下：

（1）规格尺寸：$L \times B \times H = 1.6 \text{ m} \times 1.0 \text{ m} \times 4.5 \text{ m}$。

（2）容积：7.2 m^3。

（3）结构：钢筋混凝土。

（4）数量：1 座，含闸门等配套附件。

2. 格栅设计

(1) 格栅设计要求。

污水处理系统前格栅条间隙，应该符合以下要求：

①人工清除 25~40 mm，机械清除 16~25 mm，最大间隙 40 mm，污水处理厂也可设细、粗两格栅。

②若水泵前格栅间隙不大于 25 mm 时，污水处理系统前可不再设置格栅。

③在大型污水处理厂或泵站前的大型格栅（每日栅渣量大于 0.2 m³），一般采用机械清除。

④机械格栅不宜小于 2 台，若为一台时，应设人工清除格栅备用。

⑤过栅流速一般采用 0.6~1.0 m/s，格栅前渠道内的水速一般采用 0.4~0.9 m/s。

⑥格栅倾角一般采用 45°~75°，人工格栅倾角小的时候较为省力，但占地多。

⑦通过格栅水头损失一般采用 0.08~0.15 m。

⑧格栅间必须设置工作台，台面应该高出栅前最高设计水位 0.5 m。工作台上应有安全和冲洗设施。

⑨格栅间工作台两侧过道宽度不应小于 0.7 m。

(2) 中格栅。

需处理的污水由一根污水管直接接入格栅间。格栅设置 2 个。计算尺寸时按单个格栅计算。

①栅条间隙数。

设栅前水深 $h=0.4$ m，过栅流速 $v=0.8$ m/s，栅条间隙 $b=0.025$ m，格栅倾角 $\alpha=65°$，则栅条间隙数为：

$$n = \frac{Q_{max} \times \sqrt{\sin\alpha}}{bhv} = \frac{0.087 \times \sqrt{\sin 65°}}{0.025 \times 0.4 \times 0.8} = 10.4 \text{ 个，取 11 个}$$

式中　　Q_{max}——最大设计流量（m³/s）。

②栅槽宽度。

栅槽宽度一般比格栅宽 0.2~0.3 m，取 0.2 m。

设栅条宽度 $S=0.01$ m，则栅槽宽度为：

$$B = S(n-1) + bn + b' = 0.01 \times (11-1) + 0.025 \times 11 + 0.2 = 0.58 \text{ m} \approx 0.6 \text{ m}$$

③通过格栅的水头损失。

设进水渠宽 $B_1=0.2$ m，其渐宽部分展开角度 $\alpha_1=20°$，则格栅与进水渠连接处的渐宽部分长度为：

$$L_1 = \frac{B - B_1}{2\tan\alpha_1} = \frac{0.6 - 0.2}{2\tan 20°} = 0.55 \text{ m}$$

格栅与出水渠道连接处的渐窄部分长度为：

$$L_2 = \frac{L_1}{2} = \frac{0.55}{2} = 0.28 \text{ m}$$

通过格栅的水头损失为：

$$h_1 = h_0 k$$

$$h_0 = \xi \times \frac{v^2}{2g} \sin\alpha$$

$$\xi = \beta \left(\frac{S}{b}\right)^{\frac{4}{3}}$$

式中　　h_1——设计水头损失（m）；

　　　　h_0——计算水头损失（m）；

　　　　g——重力加速度（m/s²），取 9.8 m/s²；

　　　　k——系数，格栅受污染物堵塞时水头损失在那个大倍数，一般采用 3；

　　　　ξ——阻力系数，与栅条断面形状有关；

　　　　β——系数，当栅条断面为锐边矩形断面时，$\beta=2.42$。

$$h_1 = 3 \times 2.42 \times \left(\frac{0.01}{0.025}\right)^{\frac{4}{3}} \times \frac{0.8^2}{19.6} \sin 65° = 0.063 \text{ m}，取 0.07 \text{ m}$$

④栅后槽总高度。

取栅前渠道超高 $h_2=0.5$ m，栅前槽高 $H_1=h+h_2=0.4+0.5=0.9$ m，则栅后槽总高度为：

$$H = h + h_1 + h_2 = 0.4 + 0.07 + 0.5 = 0.97 \text{ m}，取 1.0 \text{ m}$$

⑤格栅槽总长度为：

$$L = L_1 + L_2 + 0.5 + 1.0 + \frac{H_1}{\tan\alpha}$$

$$= 0.55 + 0.28 + 0.5 + 1.0 + \frac{0.9}{\tan 65°} = 2.75 \text{ m}，取 3 \text{ m}$$

中格栅的尺寸为 $L \times B \times H = 3.0 \text{ m} \times 0.6 \text{ m} \times 1.0 \text{ m}$。

⑥每日栅渣量为：

$$W = \frac{86400 Q_{max} W_1}{1000 K_z} = \frac{86400 \times 0.087 \times 0.05}{1000 \times 1.5} = 0.25 \text{ m}^3/\text{d} > 0.2 \text{ m}^3/\text{d}$$

栅条间隙为 25 mm，取 $W_1=0.05$ m³/10³m³（栅渣量/废水量），采用机械清渣。

（3）提升泵房。

①集水间计算。

a. 选择水池与机器间合建式泵站，采用 3 台泵（2 用 1 备），每台水泵的流量为：

$$Q = \frac{87}{2} = 43.5 \text{ L/s} = 156.6 \text{ m}^3/\text{h}$$

b. 集水间的容积采用相当于最大 1 台泵 5 min 的容量，即

$$W = 0.0435 \times 5 \times 60 = 13.05 \text{ m}^3$$

c. 有效水深采用 $H=2$ m，超高 $h=0.3$ m，则集水池面积 $A=6.5$ m²。

d. 集水池的长为 3 m，宽为 $\frac{6.5}{3}=2.17$ m≈2.2 m。

②水泵总扬程估算。

集水池最低工作水位与所需提升最高水位之差为 8.5 m。

出水管头损失：每台水泵单用 1 根出水管，每台水泵 $Q=43.5$ L/s，每根吸水管的管径为 150 mm，流速为 1.37 m/s，$1000i=4.26$，设管总长为 30 m，局部损失按沿程

损失的 30% 计，则总损失为：

$$h = 30 \times (1 + 0.3) \times \frac{4.26}{1000} = 0.17 \text{ m}$$

泵站内管线水头损失假设为 1.5 m，考虑自由水头为 1.0 m，则水泵总扬程为：

$$H = 8.5 + 0.17 + 1.5 + 1.0 = 11.17 \text{ m，取 12 m}$$

选用 200ZW180−14 潜污泵，其流量为 180 m³/h，扬程为 14 m（符合要求）。

③泵房布置。

设计要求：机组布置时，在机组之间以及机组和墙壁间应保持一定的距离。当电动机容量小于 50 kW 时，机组净距不小于 0.8 m；大于 50 kW 时，机组净距应大于 1.2 m。机组与墙的距离不小于 0.8 m，机组至低压配电盘的距离不小于 1.5 m。考虑到检修的可能，应留有足够距离以抽出泵轴和电机转子，如无单独的检修间，则泵房内应留有足够的场地。此外，泵站内的主要通道应不小于 1.0~1.2 m。

该设计中，取两机组的中心距离为 2 m，最边上的机组与墙的距离为 1.5 m，则泵房总长=1.5×2+2×2=7 m=7000 mm。取泵房的主要通道宽为 1.2 m，最边上的机组离通道为 1.8 m，机组安装所占宽度为 2 m，机组与墙的距离为 0.5 m，则提升泵房总宽度=1.2+1.8+2+0.5=5.5 m，泵房总高为 3.9 m。

（4）细格栅。

设计流量：单池 $Q=0.087$ m³/s，以最大设计流量计；栅前流速 $v_1=0.7$ m/s，过栅流速 $v_2=0.8$ m/s；栅条宽度：$S=0.01$ m，栅条净间距 $b=0.005$ m；栅前部分长度：0.5 m，格栅倾角：$\alpha=65°$，单位栅渣量：0.1 m³/10³ m³ 污水。

①栅条的间隙数。

设栅前水深 $h=0.4$ m，过栅流速 $v=0.8$ m/s，栅条间隙宽度 $b=0.005$ m，格栅倾角 $\alpha=65°$，则

$$n = \frac{Q_{\max} \times \sqrt{\sin\alpha}}{bhv} = \frac{0.087 \times \sqrt{\sin 65°}}{0.005 \times 0.4 \times 0.8} = 51.77 \text{ 个，取 52 个}$$

②栅槽宽度。

栅槽宽度一般比格栅宽 0.2~0.3 m，取 0.2 m。

设栅条宽度 $S=0.01$ m，则栅槽宽度 B 为：

$$B = S(n-1) + bn + b' = 0.01 \times (52-1) + 0.005 \times 52 + 0.2 = 0.97 \text{ m} \approx 1.00 \text{ m}$$

③通过格栅的水头损失。

a. 设进水渠宽 $B_1=0.3$ m，其渐宽部分展开角度 $\alpha_1=20°$，则格栅与进水渠连接处的渐宽部分长度为：

$$L_1 = \frac{B - B_1}{2\tan\alpha_1} = \frac{1.0 - 0.3}{2\tan 20°} = 0.962 \text{ m}$$

b. 格栅与出水渠道连接处的渐窄部分长度 L_2 为：

$$L_2 = \frac{L_1}{2} = \frac{0.962}{2} = 0.481 \text{ m}$$

c. 通过栅槽的水头损失 h_1 为：

$$h_1 = h_0 k = k \times \beta \left(\frac{S}{b}\right)^{\frac{4}{3}} \frac{v^2}{2g} \sin\alpha = 3 \times 2.42 \times \left(\frac{0.01}{0.005}\right)^{\frac{4}{3}} \times \frac{0.8^2}{2 \times 9.8} \sin 65°$$

$$= 0.54 \text{ m，取 } 0.6 \text{ m}$$

④栅后槽总高度。

取栅前渠道超高 $h_2 = 0.5$ m，栅前槽高 $H_1 = h + h_2 = 0.4 + 0.5 = 0.9$ m，则栅后槽总高度为：

$$H = h + h_1 + h_2 = 0.4 + 0.6 + 0.5 = 1.5 \text{ m}$$

⑤格栅槽总长度为：

$$L = L_1 + L_2 + 0.5 + 1.0 + \frac{H_1}{\tan\alpha}$$

$$= 0.962 + 0.481 + 0.5 + 1.0 + \frac{0.9}{\tan 65°} = 3.36 \text{ m，取 } 3.5 \text{ m}$$

细格栅的尺寸为 $L \times B \times H = 3.5 \text{ m} \times 1.0 \text{ m} \times 1.5 \text{ m}$。

⑥每日栅渣量为：

$$W = \frac{86400 Q_{max} W_1}{1000 K_z} = \frac{86400 \times 0.087 \times 0.09}{1000 \times 1.5} = 0.45 \text{ m}^3/\text{d} > 0.2 \text{ m}^3/\text{d}$$

格栅间隙为 5 mm，取 $W_1 = 0.09$ m^3/10^3 m^3（栅渣量/废水量），采用机械清渣。

（5）涡流沉砂池的设计计算。

①设计流量。

沉砂池按最高时流量设计，本设计最高流速 $Q_{max} = \frac{K_z Q}{24} = 312.5$ m^3/h。沉砂池设置 2 座，每座沉砂池设计流量 $Q_D = \frac{Q_{max}}{2} = \frac{312.5}{2} = 156.25$ m^3/h。

②规格选择。

表 3-5 为涡流沉砂池各部分设计尺寸，选择直径 1.83 m 的涡流沉砂池。

表 3-5　涡流沉砂池各部分设计尺寸

进水管管径/mm	180	沉砂区底坡降 G/m	0.30
沉砂区直径 A/m	1.83	进水渠水深 H/m	0.20
贮砂区直径 B/m	0.91	沉砂区水深 J/m	0.80
进水渠宽度 C/m	0.31	超高 K/m	0.30
出水渠宽度 D/m	0.61	沉砂区深度 L/m	1.10
锥斗底径 E/m	0.31	驱动机构/W	0.56
贮砂区深度 F/m	1.52	桨板转速/(r/min)	20

注：字母标注见图 3-4。

③涡流沉砂池结构见图3−4。

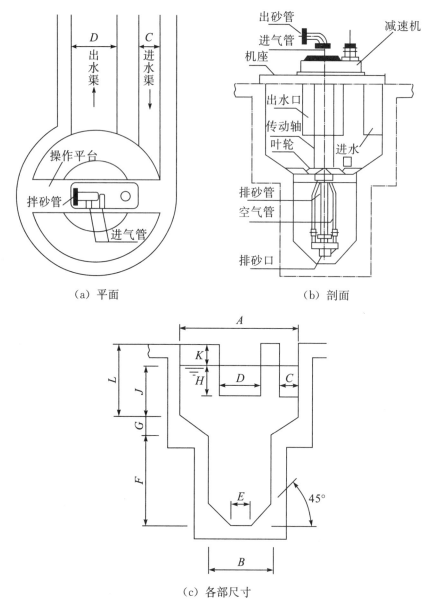

（a）平面　　　　　　　　　　　　　（b）剖面

（c）各部尺寸

图3−4　涡流沉砂池结构图

④参数校核。

a. 表面负荷为：

$$q = \frac{4Q_D}{\pi A^2} = \frac{4 \times 156.25}{3.14 \times 1.83^2} = 59.44 \ \text{m}^3/(\text{m}^2 \cdot \text{h})$$

b. 停留时间。

沉砂区体积V为：

$$V = \frac{3.14 \times 1.83^2 \times 0.8}{4} + \frac{3.14 \times 0.3}{12} \times (1.83^2 + 1.83 \times 0.91 + 0.91^2) = 2.56 \ \text{m}^3$$

停留时间 HRT 为：

$$HRT = \frac{3600V}{Q_D} = \frac{3600 \times 2.56}{156.25} = 59.0 \text{ s}$$

c. 进水渠流速 v_1 为：

$$v_1 = \frac{Q_D}{3600CH} = \frac{156.25}{3600 \times 0.31 \times 0.20} = 0.7 \text{ m/s}$$

d. 出水渠流速 v_2 为：

$$v_2 = \frac{Q_D}{3600DH} = \frac{156.25}{3600 \times 0.61 \times 0.20} = 0.36 \text{ m/s}$$

（二）水解酸化池的设计计算

设计依据及参考资料：平均流量 $Q = 5000$ m³/d，日最大变化系数 $K_z = 1.5$，水温 $T = 20℃$，最大流量 $Q_{max} = 7500$ m³/d $= 312.5$ m³/h。表 3-6 为水解酸化法的进出水水质。

表 3-6　水解酸化池的进出水水质

水质指标	BOD₅ /(mg/L)	COD /(mg/L)	SS /(mg/L)	NH₃-N /(mg/L)	TN /(mg/L)
进水水质	180	500	150	30	40
出水水质	117	271.5	45	27	36
处理程度/%	35	45.7	70	10	10

1. 池表面积

设表面负荷 $q = 1.2$ m³/(m²·h)，采用 2 个，则单池表面积为：

$$A = \frac{Q_{max}}{2q} = 130.21 \text{ m}^2$$

2. 有效水深

设停留时间 $t = 4$ h，则有效水深为：

$$h = qt = 4.8 \text{ m}$$

3. 有效容积

有效容积为：

$$V = A \cdot h = 625 \text{ m}^3$$

4. 长宽的确定

设池长 $L = 16$ m，则单池宽 $B = \frac{A}{L} = 8.14$ m。

长宽比为 $\frac{16}{8.14} = 1.97 < 2$，较为合适；单池宽度为 8.14 m$<$10 m，合理。

5. 布水管

设布水点服务区面积 $S = 2$ m²/个，每个池布水点个数 $n = \frac{A}{S} = 65.105$ 个，取 66 个。

流速 $v_1 = 0.5$ m/s，流速 $v_2 = 0.6$ m/s，流速 $v_3 = 0.8$ m/s，流速 $v_4 = 1.2$ m/s。

布水管径 $d_1 = \dfrac{SQRT \times 0.5Q_{max}}{0.25 \times \pi \times v_1 \times 24 \times 3600} \times 1000 = 332.5$ mm，取 350 mm

布水管径 $d_2 = \dfrac{SQRT \times 0.25Q_{max}}{0.25 \times \pi \times v_2 \times 24 \times 3600} \times 1000 = 214.6$ mm，取 250 mm

布水管径 $d_3 = \dfrac{SQRT \times 0.125Q_{max}}{0.25 \times \pi \times v_3 \times 24 \times 3600} \times 1000 = 131.4$ mm，取 150 mm

布水管径 $d_4 = \dfrac{SQRT \times 0.0625Q_{max}}{0.25 \times \pi \times v_4 \times 24 \times 3600} \times 1000 = 75.9$ mm，取 80 mm

6. 出水堰负荷

(1) 设三角形堰板角度为 90°，堰上水位深度为 0.05 m，单齿流量为：

$$Q' = 1.43H_1^{2.5} = 0.000799 \text{ m}^3/\text{s}$$

(2) 齿个数 $n' = \dfrac{Q_{max}}{Q'} = 108.64$ 个，取 110 个。每格池齿数 55 个。

(3) 每格池出水堰长度 $= \dfrac{Q_{max} \times 1000}{2 \times 3600 \times 1.33} = 32.63$ m，取 33 m。

每格池出水堰条数 $= \dfrac{33}{B \times 2} = 2$；出水堰间距 $= 2$ m；出水堰宽 $= 4$ m；单个直角三角齿宽 $= 33/55 = 0.6$ m；每条出水堰单侧齿数 $= B/0.6 = 13.57$，取 14 个。

7. 集水槽设计

(1) 集水槽宽为：

$$B_1 = 0.9 \times \left(\frac{Q_{max}}{3600}\right)^{0.4} = 0.34 \text{ m}$$

(2) 临界水深为：

$$h_k = \frac{\left(\frac{Q_{max}}{3600}\right)^2}{(9.81 \times B_1^2)^{0.33}} = 0.19 \text{ m}$$

(3) 集水槽起端深度为：

$$h_0 = 1.73h_k = 0.33 \text{ m}$$

(4) 设集水槽自由跌落高度 $h_2 = 0.10$ m。

(5) 集水槽总深度为：

$$h_3 = 堰上水位深度 + h_0 + h_2 = 0.48 \text{ m}$$

8. 高度

设超高 h_1 为 0.3 m，则 $H = h + h_1 = 4.8 + 0.3 = 5.1$ m。

9. 污泥产量的计算

$$
\begin{aligned}
X_1 &= (QY\Delta COD + Qf\Delta SS) \times (1 - 0.4) \\
&= [5000 \times 0.15 \times (0.5 - 0.2715) + 5000 \times 0.25 \times (0.15 - 0.045)] \times 0.6 \\
&= 181.6 \text{ kg/d}
\end{aligned}
$$

（三）生化池的设计计算

1. 生化池工艺的选择

原污水中氮磷含量较高，因此选用同步脱氮除磷工艺。在水质不断变化的情况下，若采用传统的 A^2/O 工艺，则需适时调整回流比才能保证脱氮除磷效率，保障出水水质达标，这给运行操作带来很大的不便，且易造成 TN 和 TP 超标。于是选用以 A^2/O 为基础改良的 UCT 工艺。

此工艺将 UCT 工艺的缺氧池一分为二，回流污泥进入相分隔的第一缺氧池，不与混合液回流到第二缺氧池的硝酸盐混合，第一缺氧池主要对回流污泥中硝酸盐反硝化，第二缺氧池是系统的主要反硝化。

2. 工艺计算

（1）污水处理程度的计算。

进水流量：$Q = 5000$ m³/d $= 208$ m³/h；$Q_{max} = 1.5 \times 5000$ m³/d $= 312.5$ m³/h。表 3-7 为生化池的进出水水质。

表 3-7　生化池的进出水水质

水质指标	BOD$_5$ /(mg/L)	COD /(mg/L)	SS /(mg/L)	NH$_3$-N /(mg/L)	TN /(mg/L)	TP /(mg/L)
进水水质	180	500	150	30	40	8
出水水质	117	271.5	45	27	36	3.2
处理程度/%	35	45.7	70	10	10	60

（2）各池体容积的计算。

①确定总污泥龄。

需反硝化的 N 浓度为：

$$N_0 = N - 0.05(S_0 - S_e) - N_e = 36 - 0.05 \times (117 - 20) - 18 = 13.15 \text{ mg/L}$$

反硝化速率为：

$$K_{dc} = \frac{N_0}{S_0} = \frac{13.15}{117} = 0.11$$

表 3-8 为反硝化设计参数。

表 3-8　反硝化设计参数

反硝化工艺 V_D/V (θ_{cd}/θ_c)	缺氧区的反硝化 $K_{dc}/$ (kgNO$_3$/kgBOD$_5$)	间歇式同步反硝化
0.20	0.11	0.06
0.30	0.13	0.09
0.40	0.14	0.12
0.50	0.15	0.15

查表可知 $K_{dc}=0.114$ 所对应的 V_D/V 值应为 0.20。当 $V_D/V=0.20$ 时，查"活性污泥工艺的最小泥龄建议表"取泥龄，见表 3-9。

表 3-9 活性污泥工艺的最小泥龄建议表

处理目标	$BOD_T \leqslant 1200$ kg/d		$BOD_T \leqslant 6000$ kg/d	
	最小泥龄	建议泥龄	最小泥龄	建议泥龄
无硝化污水	5	6	4	5
有硝化污水	10	11	8	9
有硝化、反硝化				
$V_D/V=0.20$	12.5	13.8	10	11.3
$V_D/V=0.30$	14.3	15.7	11.4	12.9
$V_D/V=0.40$	16.7	18.3	13.3	15
$V_D/V=0.50$	20	22	16	18
有硝化、反硝化、污泥稳定	25	25		

②进入初始 $BOD_5=180$ mg/L，取 BOD_5/BOD_T 值为 0.75，则进厂初始 BOD_T 为：

$$BOD_T = \frac{180}{0.75} \times 10^{-3} \times 5000 = 1200 \text{ kg/d}$$

查表得 $V_D/V=0.20$ 时，建议泥龄为 13.8 d，即 $\theta_c=13.8$ d。

③确定 MLSS 浓度和 MLVSS 浓度。

设 $X=3.0$ g/L，用污泥回流比反算复核：

$$X_R = 0.7 \times \frac{1000}{SVI} \times t_E^{\frac{1}{8}} = 0.7 \times \frac{1000}{150} \times 2^{\frac{1}{8}} = 5.88 \text{ g/L}$$

$$R = \frac{X}{X_R - X} = \frac{3}{5.88 - 3} \times 100\% = 104\% < 150\%，符合要求$$

由 $MLVSS = f \cdot MLSS$，得 $X_V = f \cdot X = 0.7 \times 3 = 2.1$ g/L。

④确定好氧区容积和第一、第二缺氧池容积，Y 取 0.7，则

$$V_0 + V_{D2} = \frac{24Q\theta_c Y(S_0 - S_e)}{1000X} = \frac{24 \times 312.5 \times 13.8 \times 0.7 \times (117 - 20)}{1000 \times 3} = 2343 \text{ m}^3$$

在计算的反应池容积中，好氧区 V_0 占 80%，为 1874 m³；第二缺氧池 V_{D2} 占 20%，为 469 m³。第一缺氧区为：

$$V_{D1} = \frac{R}{2r}V_{D2} = \frac{1.04}{2 \times 1} \times 469 = 244 \text{ m}^3$$

⑤确定缺氧池混合液回流比 r'，并计算厌氧池。

设由第一缺氧池回流至厌氧池的混液回流比 $r'=1.0$，则

$$V_A = 1.0 \times Q(1 + r') = 1.0 \times 312.5 \times (1 + 1.0) = 625 \text{ m}^2$$

厌氧池的污泥浓度 X_A 为：

$$X_A = \frac{r'}{1 + r'} \times X = \frac{1}{1 + 1} \times 3 = 1.5 \text{ g/L}$$

验算厌氧污泥量比值为:

$$\frac{X_A}{X_T} = \frac{V_A \cdot X_A}{V_0 \cdot X + V_{D1} \cdot X_D + V_{D2} \cdot X_D + V_A \cdot X_A}$$

$$= \frac{625 \times 1.5}{1874 \times 3 + 244 \times 3 + 469 \times 3 + 625 \times 1.5} = 10.78\% > 10\%$$

验算好养污泥量比值为:

$$\frac{X_D}{X_T} = \frac{V_0 \cdot X}{V_0 \cdot X + V_{D1} \cdot X_D + V_{D2} \cdot X_D + V_A \cdot X_A}$$

$$= \frac{1874 \times 3}{1874 \times 3 + 244 \times 3 + 469 \times 3 + 625 \times 1.5} = 64.63\% > 50\%$$

因此,设 $r' = 1.0$ 是合理的。

⑥总反应池容积为:

$$V = V_0 + V_{D1} + V_{D2} + V_A = 1874 + 244 + 469 + 625 = 3212 \text{ m}^3$$

⑦各反应池水力停留时间及总水力停留时间为:

$$T = \frac{V}{Q} = \frac{3212}{312.5} = 10.28 \text{ h}$$

$$t_0 = \frac{1874}{312.5} = 6.00 \text{ h}$$

$$t_1 = \frac{224}{312.5} = 0.78 \text{ h}$$

$$t_2 = \frac{469}{312.5} = 1.50 \text{ h}$$

$$t_A = \frac{625}{312.5} = 2.00 \text{ h}$$

(2) 曝气池的计算与各部分尺寸的计算。

设一组曝气池,容积 $V_0 = 1874 \text{ m}^3$,池深 $H = 4.5 \text{ m}$,则曝气池面积为:

$$F = \frac{V}{H} = \frac{1874}{4.5} = 417 \text{ m}^2$$

池宽 B 取 5 m,$\frac{B}{H} = \frac{5}{4.5} = 1.11$,介于 1~2 之间,符合要求。

池长 $L = \frac{F}{B} = \frac{417}{5} = 83.4$ m,取 84 m。

长宽比 $\frac{L}{B} = \frac{84}{5} = 16.8 > 10$,符合要求。

设 3 廊道式曝气池,廊道长 $L_1 = \frac{L}{3} = 28$ m,取超高 0.5m,则池总高 $H_T = 4.5 + 0.5 = 5.0$ m。

(3) 曝气系统的计算与设计。

①最大流量时需氧量为:

$$O_{2(\max)} = a'Q_{\max} \cdot S_r + b'VX_V = a'Q_{\max} \cdot (S_0 - S_e) + b'VX_V$$

$$= 0.5 \times 7500 \times \frac{117 - 20}{1000} + 0.1 \times 1874 \times \frac{3000 \times 0.7}{1000}$$

$$= 757.29 \text{ kgO}_2/\text{d} = 31.56 \text{ kgO}_2/\text{h}$$

②平均流量时的需氧量为：

$$O_{2(\max)} = a' Q_{\max} \cdot S_r + b' V X_V = a' Q_{\max} \cdot (S_0 - S_e) + b' V X_V$$

$$= 0.5 \times 5000 \times \frac{117 - 20}{1000} + 0.1 \times 1874 \times \frac{3000 \times 0.7}{1000}$$

$$= 636.04 \text{ kgO}_2/\text{d} = 26.50 \text{ kgO}_2/\text{h}$$

③每日去除的BOD$_5$值为：

$$\text{BOD}_5 = \frac{5000 \times (117 - 20)}{1000} = 485 \text{ kg/d}$$

④除去每千克BOD$_5$的需氧量为：

$$\Delta O_2 = \frac{636.04}{485} = 1.31 \text{ kgO}_2/\text{kgBOD}_5$$

⑤最大流量时的需氧量与平均流量时的需氧量之比为：

$$\frac{O_{2(\max)}}{O_2} = \frac{31.56}{26.50} = 1.20$$

（4）供气量的计算。

采用网状膜型中微孔空气扩散器，敷设于距池底0.2 m处，淹没水深4.0 m，计算温度定为20℃。

查表得：$C_{s(20)} = 9.2$ mg/L，$C_{s(25)} = 8.38$ mg/L。

①空气扩散器出口处的绝对压力P_b为：

$$P_b = 1.013 \times 10^5 + 9.8 \times 10^3 \times H = 1.013 \times 10^5 + 9.8 \times 10^3 \times 4 = 1.405 \times 10^5 \text{ Pa}$$

②空气离开曝气池面时，氧的百分比为：

$$O_t = \frac{21(1 - E_A)}{79 + 21(1 - E_A)} \times 100\% = \frac{21 \times (1 - 0.12)}{79 + 21 \times (1 - 0.12)} \times 100\% = 18.43\%$$

式中，E_A为空气扩散器的氧转移效率，对于网状膜型中微孔空气扩散器，取值为12%。

③曝气池混合液中平均氧饱和度（按最不利的温度条件下$T = 25$℃考虑）计算，即：

$$C_{sb(T)L} = C_{s(25)} \left(\frac{P_b}{2.026 \times 10^5} + \frac{O_t}{42} \right) = 8.38 \times \left(\frac{1.405 \times 10^5}{2.026 \times 10^5} + \frac{18.43}{42} \right) = 9.5 \text{ mg/L}$$

④换算为在20℃条件下，脱氧清水的充氧量为：

$$R_0 = \frac{R \cdot C_{s(20)}}{\alpha [\beta \cdot \rho \cdot C_{sb(T)} \times 1.024^{T-20}]} = \frac{26.50 \times 9.2}{0.82 \times (0.95 \times 1.0 \times 9.5 - 2) \times 1.024^5}$$

$$= 37.59 \text{ kg/h}$$

式中：$\alpha = 0.82$，$\beta = 0.95$，$C_0 = 2.0$，$\rho = 1.0$。

⑤相应的，最大流量时换算后的需氧量为：

$$R_{0\max} = \frac{31.56 \times 9.2}{0.82 \times (0.95 \times 1.0 \times 9.5 - 2) \times 1.024^5} = 44.77 \text{ kg/h}$$

⑥平均流量时，曝气池的供气量为：

$$G_s = \frac{R_0}{0.3E_A} = \frac{37.59}{0.3 \times 0.12} = 1044 \text{ m}^3/\text{h}$$

⑦最大流量时，曝气池的供气量为：

$$G_{s\,max} = \frac{44.77}{0.3 \times 0.12} = 1244 \text{ m}^3/\text{h}$$

⑧去除每千克 BOD_5 的供气量为：

$$\frac{1044}{485} \times 24 = 51.66 \text{ m}^3 \text{ 空气 }/\text{kgBOD}_5$$

⑨每立方米水的供气量为：

$$\frac{1044}{5000} \times 24 = 5.01 \text{ m}^3 \text{ 空气 }/\text{m}^3 \text{ 污水}$$

（5）空气管系统计算。

在每一廊道的墙体上设一根干管，共3根干管。

①每根干管负载的供气量为 $\frac{1244}{3} = 415$ m³/h。

②曝气池平面面积为 $\frac{1844}{4.5} = 417$ m²。

③每格空气扩散器的服务面积按 0.49 m² 计，则所需空气扩散器的总数为 $\frac{417}{0.49} = 851$ 个，取 852 个。

④为安全起见，本设计采用 900 个空气扩散器。每条干管上承载的空气扩散器数目为 $\frac{900}{3} = 300$ 个。

⑤每个空气扩散器的配器量为 $\frac{1244}{900} = 1.40$ m³/h。

（6）空压机的选定。

①空气扩散器安装在距曝气池池底 0.2 m 处。空压机所需压力为：

$$P = (4.2 - 0.2 + 1.0) \times 9.8 = 49 \text{ kPa}$$

②空压机供气量。

最大流量时：1244 m³/h＝20.73 m³/min。

最小流量时：1044 m³/h＝17.40 m³/min。

选用 LG－5/8 型空压机 5 台。该型空压机风压为 800 kPa，风量为 5 m³/min。

正常条件下：5 台空压机间歇性工作，每次只有 4 台工作。

（6）厌氧池、缺氧池的尺寸计算。

①第二缺氧池：

$$V_{D2} = 469 \text{ m}, \quad L = 28 \text{ m}, \quad H = 4 \text{ m}, \quad B = 4.2 \text{ m}$$

设超高为 0.5 m，则 $H_{总} = 4 + 0.5 = 4.5$ m。

②第一缺氧池：

$$V_{D1} = 244 \text{ m}, \quad L = 28 \text{ m}, \quad H = 3 \text{ m}, \quad B = 3 \text{ m}$$

设超高为 0.5 m，则 $H_{总} = 3 + 0.5 = 3.5$ m。

③厌氧池:

$$V_A = 625 \text{ m}^3, \ L = 44.4 \text{ m}, \ H = 2.9 \text{ m}$$

$$B = \frac{V_A}{L \cdot H} = \frac{625}{44.4 \times 2.9} = 4.9 \text{ m}$$

设为二廊道式,则

$$L_1 = \frac{L}{2} = 22.2 \text{ m}$$

设超高为 0.5 m,则 $H_{总} = 2.9 + 0.5 = 3.4$ m。

(7) 碱度校核。

每氧化 1 mgNH₃－N 需消耗碱度 7.14 mg/L,每还原 1 mgNH₃－N 产生碱度 3.57 mg,去除 1 mgBOD₅ 产生碱度 0.1 mg。

剩余碱度 SALKI＝进水碱度－硝化消耗碱度＋反硝化产生碱度＋去除 BOD₅ 产生碱度。

①假设生物污泥中含氮量以 12.4％计,则每日用于合成的总氮为:

$$0.124 \times 1774.30 = 220 \text{ kg/d}$$

即进水总氮中有 $\frac{220 \times 1000}{33000} = 6.67$ mg/L 用于合成。

②被氧化的 NH₃－N＝进水总氮－出水总氮－用于合成的总氮量,则被氧化的 NH₃－N 为:

$$35 - 15 - 6.67 = 13.33 \text{ mg/L}$$

③所需脱硝量为:

$$35 - 15 - 6.67 = 13.33 \text{ mg/L}$$

④需还原的硝量酸盐量为:

$$N_T = 33000 \times 13.33 \times \frac{1}{1000} = 439.89 \text{ mg/L}$$

⑤剩余碱度为:

$$\text{SALKI} = 280 - 7.14 \times 13.33 + 3.57 \times 13.33 + 0.1 \times (250 - 20)$$
$$= 255.4 \text{ mg/L} > 100 \text{ mg/L}(以 CaCO_3 计)$$

(8) 配水井的设计。

配水井的作用:将生化处理池出水均匀分配入各座沉淀池中。

配水井的必要性:若配水不均匀,各个池的负担不一样,一些构筑物可能出现超负荷,而另一些构筑物则又没有充分发挥作用。为实现均匀配水,要设置合适的配水设备。

①配水井的计算:

取停留时间 3 min,回流比 $r = 104\%$,流量 $Q = 5000$ m³/d。

②计算:

$$V_水 = 5000 \times 2.04 \times \frac{180}{24 \times 60 \times 60} = 21.25 \text{ m}^3, \ 取 22 \text{ m}^3$$

③设计采用圆形的配水井,直径 3 m,水深 3.5 m,超高 0.5 m,则配水井部分体

积为：

$$V_1 = \frac{\pi}{4} \times 3^3 \times 3.5 = 24.73 \text{ m}^2，取 25 \text{ m}^2$$

④进水管流速：$v = 0.6$ m/s（最大流量时，流速可介于 $1.0 \sim 1.5$ m/s 之间；最小流量时，流速不得小于 $0.4 \sim 0.6$ m/s；特殊渠道流速可减至 $0.2 \sim 0.3$ m/s）。

$$Q = 5000 \text{ m}^3/\text{d} = 0.087 \text{ m}^3/\text{s}$$

⑤进水管截面积为：

$$A = \frac{Q}{v} = \frac{0.087}{0.6} = 0.15 \text{ m}^2$$

⑥进水管直径为：

$$D = \sqrt{\frac{4 \times 0.15}{\pi}} = 0.437 \text{ m}，取 DN450 \text{ mm}$$

配水井假设有 1 个进水管和 3 个出水管。

⑦出水管流速：$v = 0.6$ m/s。

⑧出水管截面积为：

$$A = \frac{Q}{3v} = 0.05 \text{ m}^2$$

⑨出水管直径为：

$$d = \frac{D}{\sqrt{2}} = 0.309 \text{ m}，取 DN350 \text{ mm}$$

（9）二次沉淀池。

小型污水处理厂普遍采用竖流式沉淀池。

①中心管面积为：

$$f_0 = \frac{Q_{\max}}{v_0} = \frac{\dfrac{7500}{24 \times 3600}}{0.02} = 4.34 \text{ m}^2$$

式中，v_0 为中心管内的水流速，取 0.02 m/s。

②有 3 座沉淀池，则每座池中心管面积为：

$$f = \frac{4.34}{3} = 1.45 \text{ m}^2$$

中心管直径为：

$$d = \sqrt{\frac{4f}{\pi}} = \sqrt{\frac{4 \times 1.45}{3.14}} = 1.36，取 1.4 \text{ m}$$

③沉淀池的有效沉淀高度，即中心管高度为：

$$h_2 = vt = 3600 \times 0.0007 \times 1.5 = 3.8 \text{ m}$$

式中，v 取 0.0007 m/s，t 取 1.5 h。

④中心管喇叭口到反射板之间的间隙高度为：

$$h_3 = \frac{Q_{\max}}{v_1 \pi d_1} = \frac{\dfrac{7500}{24 \times 3600 \times 3}}{0.03 \times 3.14 \times 1.9} = 0.16 \text{ m}，取 0.2 \text{ m}$$

式中，$d_1 = 1.35d_0 = 1.35 \times 1.5 = 1.925$ m，取 1.9 m；$v_1 = 0.03$ m/s。

⑤反射板直径为：

$$d_2 = 1.3d_1 = 1.3 \times 1.9 = 2.47 \text{ m}$$

⑥沉淀池总面积及沉淀池直径。

每座沉淀池的沉淀区面积为：

$$f_1 = \frac{Q_{\max}}{v} = \frac{\dfrac{7500}{24 \times 3600 \times 3}}{0.0007} = 41.33 \text{ m}^2$$

则每座沉淀池的总面积为：

$$A = f_0 + f_1 = 1.45 + 41.33 = 42.78 \text{ m}$$

每座池的直径为：

$$D = \sqrt{\frac{4A}{\pi}} = \sqrt{\frac{4 \times 42.78}{3.14}} = 7.38，取 7.5 \text{ m}$$

⑦污泥斗及污泥斗高度：取 $\alpha = 60°$，截头直径为 1.0 m，则 $h_5 = \dfrac{7.5-1}{2} \times \tan 60° = 5.63$ m。

⑧沉淀池总高度为：

$$H = h_1 + h_2 + h_3 + h_4 + h_5 = 0.3 + 3.8 + 0.2 + 0.3 + 5.63 = 10.23 \text{ m}$$

式中，h_1 为超高，取 0.3 m；h_4 为缓冲层高，取 0.3 m。

（10）化学除磷。

由于污水水质和环境条件各异，因而宜根据试验确定药剂种类、剂量和投加点。化学除磷剂一般用硫酸铝或者三氯化铁。采用铝盐或铁盐除磷时，主要生成难溶性的磷酸铝或磷酸铁，其投加量与污水中的总磷量成正比。根据经验投加时，其摩尔比宜为 1.5~3，可用于生物反应池的前置、后置和同步投加。此工艺采用后置投加（即在二沉池的进水中投加），投加药剂为硫酸铝，其有效铝为 8%。

原废水中的磷为 8 mg/L，经过生化处理，磷的去除率为 60%，则生化池出水中磷的浓度为 $8 \times (1-60\%) = 3.2$ mg/L。假设化学除磷后出水中 P 的浓度为 0.5 mg/L，则通过化学方法去除的磷为 $5000 \times (3.2-0.5) = 13.5$ kg/d。设投加 Al 与 P 的摩尔比为 1.5，则需投加量的 $\text{Al} = 13.5 \times 1.5 \times \dfrac{27}{31} = 17.64$ kg/d，折算成投加的硫酸铝为 $17.64 \div 8\% = 220.46$ kg/d。

（11）剩余污泥。

$$\Delta X = P_X + P_S$$
$$P_X = Y \times Q(S_0 - S_e) - K_d V X_V$$
$$P_S = (\text{TSS} - \text{TSS}_e)Q \times 50\%$$

取污泥增殖系数 $Y = 0.70$，污泥自身氧化率 $K_d = 0.04$，将各值代入，则

$$P_X = 0.70 \times 5000 \times (0.117 - 0.02) - 0.04 \times 3212 \times 3.0 \times 0.7 = 339.5 - 269.8 = 70 \text{ kg/d}$$
$$P_S = (0.032 - 0.002) \times 5000 \times 50\% = 75 \text{ kg/d}$$
$$\Delta X = P_X + P_S = 70 + 75 = 145 \text{ kg/d}$$

化学除磷时，会产生较多的污泥，采用铝盐或铁盐作混凝剂、后置投加时，污泥量增加 $20\% \sim 35\%$，取污泥增加百分比为 30%，则剩余活性污泥量为：

$$X_2 = \Delta X(1 + 30\%) = 145 \times 1.3 = 189 \text{ kg/d}$$

剩余排放污泥总量为：

$$X = X_1 + X_2 = 182 + 189 = 371 \text{ kg/d}$$

（四）污泥浓缩池的计算

污泥量较少时，采用竖流式浓缩池，浓缩来自二沉池的剩余污泥，浓缩前含水率为 99.2%，浓缩后污泥含水率为 97%，浓缩部分上升流速 v 取 0.1 mm/s，浓缩时间 t 取 10 h，池数 $n=2$（1用1备）。

（1）剩余污泥流量为：

$$Q_w = \frac{X}{fX_0} = \frac{371}{0.7 \times 11} = 48.2 \text{ m}^3/\text{d}$$

式中，X_0 为剩余污泥浓度，取 11g/L；f 为 MLVSS 与 MLSS 比值，取 0.7。

（2）有效水深为：

$$h_2 = vt = 0.1 \times 10^{-3} \times 10 \times 3600 = 3.6 \text{ m}$$

（3）设进水中心管流速 v_1 为 0.03 m/s，则中心管面积为：

$$f = \frac{Q_w}{v_1} = \frac{48.2}{86400 \times 0.03} = 0.0186 \text{ m}^2，取 0.02 \text{ m}^2$$

（4）中心管直径为：

$$d = \sqrt{\frac{4f}{\pi}} = \sqrt{\frac{4 \times 0.02}{3.14}} = 0.159 \text{ m}，取 160 \text{ mm}$$

（5）喇叭口直径为：

$$d_1 = 1.35 d = 1.35 \times 0.160 = 0.216 \text{ m}$$

（6）喇叭口高度为：

$$h' = 1.35 d_1 = 1.35 \times 0.216 = 0.292 \text{ m}$$

（7）浓缩后分离出来的污水流量为：

$$q = Q_w \times \frac{P_1 - P_2}{100 - P_2} = 48.2 \times \frac{99.2 - 97}{100 - 97} = 35.3 \text{ m}^3/\text{d}$$

（8）浓缩池有效面积为：

$$A = \frac{q}{v} = \frac{35.3}{86400 \times 0.1 \times 10^{-3}} = 4.09 \text{ m}^2$$

（9）浓缩池的直径为：

$$D = \sqrt{\frac{4(A + f)}{\pi}} = \sqrt{\frac{4 \times (4.09 + 0.02)}{3.14}} = 2.28 \text{ m}$$

（10）浓缩后的剩余污泥量为：

$$Q = Q_w \times \frac{100 - P_1}{100 - P_2} = 48.2 \times \frac{100 - 99.2}{100 - 97} = 12.9 \text{ m}^3/\text{d}$$

（11）设污泥斗角 $\alpha = 60°$，斗底直径为 0.4 m，则斗高为：

$$h_5 = \frac{2.29 - 0.4}{2} \tan 60° = 1.64，取 1.7 \text{ m}$$

池总高为：

$$H = h_1 + h_2 + h_3 + h_4 + h_5 = 0.3 + 3.6 + 0.5 + 0.3 + 1.7 = 6.4 \text{ m}$$

式中　　h_1——超高（m），取 0.3 m；

　　　　h_2——有效水深（m），为 3.6 m；

　　　　h_3——中心管与反射板之间的高度（m），取 0.5 m；

　　　　h_4——缓冲层高（m），取 0.3 m；

　　　　h_5——污泥浓缩池斗高（m），为 1.7 m。

（五）贮泥池的计算

采用矩形贮泥池，贮存来自浓缩池的污泥，污泥量 $Q = 13.6 \text{ m}^3/\text{d}$，设贮泥池 2 座（1 备 1 用），贮泥池的贮泥时间 $t = 24 \text{ h}$，池高 h_2 为 2 m，则贮泥池表面积 A 为：

$$A = \frac{Q}{nh_2} = \frac{13.6 \times 24}{1 \times 2 \times 24} = 6.8 \text{ m}^2$$

设贮泥池宽为 2 m，则池长为 3.4 m。贮泥池底部为斗形，下底为 0.6 m×0.6 m，高度 $h_3 = 2$ m。设超高 $h_1 = 0.5$ m，则贮泥池的总高度 H 为：

$$H = h_1 + h_2 + h_3 = 0.5 + 2 + 2 = 4.5 \text{ m}$$

（六）接触消毒池设计计算

1. 消毒剂的投加

（1）加氯量的计算。

处理出水采用二氧化氯消毒，二氧化氯的投加量为 6～15 mg/L。本设计中二氧化氯投加量采用 10 mg/L。

每日加氯量为：

$$q = \alpha \times q_0 \times Q$$

式中　　q——每日加氯量（kg/d）；

　　　　α——保险系数，取 1.1；

　　　　q_0——二氧化氯投加量（mg/L）；

　　　　Q——污水设计流量（m³/d）。

取 q_0 为 10mg/L。

$$q = 1.1 \times 10 \times 10^{-3} \times 5000 = 55 \text{ kg/d}$$

（2）加氯设备。

二氧化氯由二氧化氯发生器加入，选用 2 台 LD-2000 二氧化氯发生器，1 用 1 备，则每小时加氯量为 $\frac{55}{24} = 2.29 \text{ kg/h}$。

2. 平流式消毒接触池

本设计采用 2 个 3 廊道平流式消毒接触池，1 备 1 用，单池计算如下：

（1）接触消毒池容积。

$$V = Qt$$

式中　　V——接触池单池容积（m^3）；

　　　　Q——单池污水设计流量（m^3/s）；

　　　　t——消毒接触时间（min），规定不得小于 30 min。

　　本设计中，$Q=0.058\ m^3/s$，$t=30\ min$，则单个接触消毒池容积为：

$$V = 0.058 \times 30 \times 60 = 104.4\ m^3$$

（2）接触消毒池平面尺寸。

$$A = \frac{V}{h_2}$$

式中　　A——消毒接触池单池表面积（m^2）；

　　　　h_2——消毒接触池有效水深（m），取 2.0 m。

$$A = \frac{104.4}{2.0} = 52.2\ m^2，取 54\ m^2$$

消毒池池长 $L=9\ m$，池宽 $B=6\ m$，隔板数采用 2 个，则廊道单宽为：

$$B' = \frac{B}{3} = 2\ m$$

校核长宽比 $\dfrac{3L}{B'} = \dfrac{3 \times 9}{2} = 13.5 > 10$，符合要求。

池高为：

$$H = h_1 + h_2$$

式中　　h_1——超高（m），取 0.5 m；

　　　　h_2——消毒池有效水深（m）。

$$H = h_1 + h_2 = 0.5 + 2.0 = 2.5\ m$$

六、平面布置及高程布置

（一）平面布置

1. 平面布置原则

（1）该工程主要在污水处理厂界区红线范围内进行平面布置设计。

（2）平面布置设计满足污水处理工艺设计要求，按工艺流程顺序布置构（建）筑物和设备。

（3）本着节约用地的原则，便于操作和维修。

（4）平面布置设计应有利于设备运输、污水处理系统的运行管理，安全实用。

2. 平面布置设计

根据某城镇工业园区的实际情况，用于建设污水处理厂的空地应靠近马路，有利于施工，可利用的面积较多，且该场地计划有一条新修公路进入。因此，考虑各方面因素，设备用房集中修建在生化池周围，便于操作方便、集中运行管理，生活区离设备要有一定的距离。

（二）高程布置

1. 高程布置原则

（1）高程布置满足工艺流程要求。

（2）利用地形特点选择高程设计，尽可能减少工程建设土方开挖量，节省工程建设投资。

（3）按工艺流程要求，尽可能利用高差形成自流，减少污水提升量，节省运行管理成本。

2. 高程布置设计

根据污水处理厂现有地形，按工艺设计要求，通过综合平衡确定新建各主要构筑物高程，设计中将场地尽量保持原貌，通过适当挖填，使场地略高于城市道路，使建筑有良好的视觉形象，并为场地内雨水、污水排放提供便利条件，室外场地的连接方式采用平坡式。表3-10为厂区构筑物高程布置。

表3-10 厂区构筑物高程布置

构筑物名称	流量/(m³/d)	地面高程/m	总水头损失/m	进水高程/m	出水高程/m	池顶高程/m	池底高程/m
中格栅间	5000	396.50	0.10	395.50	395.40	396.00	395.00
提升泵房	5000	396.50	0.17	395.40	401.50	396.90	393.00
细格栅间	5000	396.50	0.60	401.50	400.90	402.00	400.50
涡流沉砂池	5000	396.50	0.50	401.20	400.70	401.50	396.50
水解酸化池	5000	396.50	0.40	400.70	400.30	400.40	395.30
改良UTC一体化生化池	5000	396.50	1.00	399.50	398.50	400.00	395.00
竖流式二沉池	5000	396.50	0.40	395.10	394.70	395.40	385.17
接触消毒池	5000	396.50	0.10	394.70	394.60	395.20	392.70
污泥浓缩池	5000	394.00	—	—	—	394.70	388.30
贮泥池	5000	394.00	—	—	—	394.10	389.60

（三）基础处理和结构形式

本设计中，截流井、中格栅、提升泵、细格栅、涡流沉砂池、水解酸化池、改良UCT一体化生化池、配水井、竖流式二沉池、接触消毒池等主要构筑物均采用钢筋混凝土结构，办公和生活房采用砖混结构。

（四）平面布置

本着降低工程造价、减少污水厂占地面积的原则，在规划用地范围内进行布置，根据业主提供的厂址，用地面积约5900 m²（约8.85亩）。

污水处理厂按功能分区，有生产区（包括预处理、二级生化处理和深度处理等）及辅助区（包括管理及生活用房等），用绿化带和道路分隔。根据现场实际用地条件，平面布置尽可能充分利用高程进行建构筑物的布置，从而节约地基处理带来的工程费用增加；根据工艺流程向对建构筑物相对分别集中，中间采用道路进行相对分开，从而完成用地的协调。

生产区布置：预处理构筑物靠近污水干管入口处，二级生化处理布置在厂区中部。污泥处理构筑物布置在厂区主导风向的下风向，对厂前区影响较小。

辅助区布置：辅助区内布置有管理用房、生活用房、停车场等建筑物，布置在厂区上风向，紧邻规划道路，交通方便。

七、附图

（1）某工业园区综合污水处理工艺方案（改良 UCT 法）总平面布置图（见附图3）。

（2）某工业园区综合污水处理工艺方案（改良 UCT 法）高程图（见附图4）。

第四章 工业废水处理工程工艺设计案例

第一节 1000 m³/d 某工业生产废水处理厂工艺设计
（水解酸化＋活性污泥法）

设计者：以牛夷、孙天蕾为组长的设计小组

一、设计任务书

（一）设计题目

某工业生产废水处理厂工艺设计。

（二）设计资料

（1）设计规模：1000 m³/d。

（2）项目排水：工业生产废水处理厂工程。

（3）设计进出水水质见表4－1。

表4－1 某工业生产废水处理厂工程进出水水质

水质指标	COD_{Cr} /(mg/L)	BOD_5 /(mg/L)	SS /(mg/L)	NH_3-N /(mg/L)	TN /(mg/L)	TP /(mg/L)	pH	T /℃
进水水质	860	300	150	30	40	8	6~9	15~25
出水水质	100	20	70	15		0.5	6~9	

注：冬天最低水温12℃，夏天最高水温25℃。

出水水质执行《污水综合排放标准》（GB 8978—1996）中的一级标准。

（三）编制目的

本设计对该工业生产废水处理厂厂内工程进行方案设计，确定本工程处理规模、进出水水质、污水处理工艺以及对工程进行平面布置和高程布置。

（四）编制任务

（1）确定建设规模。

（2）确定进出水水质。

（3）对处理工艺方案进行技术经济比较，提出推荐方案。

（4）结论和建议。

（五）编制依据、法律法规及相关标准规范

1. 编制依据

建设单位提供的基础数据。

2. 法律法规

《中华人民共和国水法》，自 2002 年 10 月 1 日起施行。

《中华人民共和国环境保护法》，自 2015 年 1 月 1 日起施行。

《中华人民共和国水污染防治法》，自 2008 年 6 月 1 日起施行。

《中华人民共和国水污染防治法实施细则》，自 2000 年 3 月 20 日起施行。

《国务院关于环境保护若干问题的决定》，国发（1996）31 号文件，1996 年 8 月 3 日颁布。

3. 规范性文件

《城市污水处理及污染防治技术政策》，城建（2000）124 号文件，自 2000 年 5 月 29 日起施行。

4. 设计规范

《室外给水设计规范》（GB 50013—2006）

《室外排水设计规范》（GB 50014—2006）

《建筑给水排水设计规范》（GB 50015—2010）

《城市排水工程规划规范》（GB 50318—2000）

《污水再生利用工程设计规范》（GB 50335—2002）

《泵站设计规范》（GB 50265—2010）

《地表水环境质量标准》（GB 3838—2002）

《城镇污水处理厂污染物排放标准》（GB 18918—2002）

《污水综合排放标准》（GB 8978—1996）

《污水排入城市下水道水质标准》（CJ 343—2010）

《建筑设计防火规范》（GB 50016—2014）

《混凝土结构设计规范》（GB 50010—2010）

《建筑地基基础设计规范》（GB 50007—2002）

《建筑结构荷载规范》（GB 50009—2012）

《给水排水工程构筑物结构设计规范》（GB 50069—2002）

《给水排水工程钢筋混凝土水池结构设计规程》（CECS 138—2002）

《给水排水工程管道结构设计规范》（GB 50332—2002）

《城镇污水厂附属建筑和附属设备设计标准》（CJJ 32—89）

《建筑结构可靠度设计统一标准》（GB 50068—2001）

《水工混凝土结构设计规范》（DL/T 5057—2009）

《供配电系统设计规范》（GB 50052—2009）

《10 kV 及以下变电所设计规范》（GB 50053—94）

《低压配电设计规范》（GB 50054—2011）

《电力装置的继电保护和自动装置设计规范》（GB 50062—2008）

《电力工程电缆设计规范》（GB 50217—2007）

《电力装置的电测量仪表装置设计规范》（GB 50063—2008）

《建设工程施工现场供用电安全规范》（GB 50194—93）

《建筑物防雷设计规范》（GB 50057—2010）

《建筑照明设计标准》（GB 50034—2013）

《通用用电设备配电设计规范》（GB 50055—2011）

《民用建筑电气设计规范》（JGJ/T 16—2008）

《综合布线系统工程设计规范》（GB 50311—2007）

（六）编制原则

根据国家有关政策和要求，确定以下编制原则：

（1）认真贯彻国家关于环境保护的方针和政策，使设计符合国家的有关法规、规范与标准。

（2）工程要投资少，实施容易，建设周期短，见效快，充分发挥建设项目的社会效益、环境效益和经济效益。

（3）处理工艺效果稳定、流程简单可靠、运行管理方便，综合发挥处理效果。

（4）采用先进的节能技术，降低污水处理系统的能耗及运行成本。

（5）充分利用现有地形，对处理系统各部分合理布局，尽量减少污水提升次数和减少占地。

（6）采用可靠的控制系统，做到技术可靠、经济合理。

（七）设计思想

（1）严格执行环境保护的各项规定，确保经处理后的排放水质达到国家及当地有关排放标准。

（2）本着技术先进、运行可靠、操作管理简单的原则选择废水处理工艺，使灵活性和可靠性有机地结合起来。

（3）尽可能采用节能技术处理废水。

（4）采用国内成熟先进技术设备（主要设备国产化），尽量降低工程投资和运行费用。

（5）废水处理站的建设尽量考虑操作运行稳定与维护管理简单方便。

（八）设计范围

本方案不考虑废水收集和输送系统的设计。

本方案仅包括废水处理厂界内的工艺设计。

二、处理工艺的确定和选择

（一）工艺选择

1. 工艺选择原则

废水处理厂工艺的选择应根据设计进水水质、处理程度要求、工程规模等多种因素进行综合考虑，各种工艺都有其适用条件，应视工程的具体条件而定。根据进水水质和出水水质要求，选择合理的废水处理工艺，不仅可以降低工程投资，还有利于废水处理站的日常运行管理以及减少废水处理站的常年运行费用，并保证出水水质达标排放。废水排放量约为 1000 m³，废水中主要污染物有 COD_{Cr}、BOD_5、SS、NH_3-N、TN 和 TP 等。为使废水能达标排放，对其所含污染物要进行全面有机结合的处理。

针对该污水处理厂的设计，应遵循以下原则：

（1）符合国家关于环境保护的政策，符合国家有关法规、规范和标准。

（2）在选择污水处理工艺时，充分考虑污水处理设施进水水质指标和要求处理达到的出水水质指标，并考虑该地的污水排放现状和远期规划，经技术经济比较决定优选采用能耗低、运行费用低、基建投资少、占地省、操作管理简便的处理工艺。积极慎重地考虑采用经实践证明是行之有效的新技术、新工艺、新材料和新设备。与此同时，对整体工艺进行协调优化。

（3）污水处理厂总平面布置力求紧凑，减少占地和投资，其绿化面积不小于30%，创造一个优美的工作环境。

（4）妥善处置污水处理过程中产生的污泥、栅渣和沉砂等污物，以免造成二次污染。

（5）污水处理设施的污水处理过程中的自动控制，力求安全可靠、经济实用，提高管理水平，降低劳动强度及运行费用。

（6）根据污水处理工艺，按其产生的污泥量、污泥性质，结合该地的自然环境及处置条件选用符合实际污泥处理工艺。

2. 工艺流程设计

（1）工艺流程选择。

根据工艺选择原则及该工业废水特性，项目采用"水解酸化池＋活性污泥生物池＋竖流式二沉池＋接触消毒池"处理本项目废水。该工艺是目前处理该废水较普遍、成熟和有效的工艺，其工艺流程见图4—1。同时对污泥采用"剩余污泥池＋污泥浓缩池＋板框压滤机"。

（2）工艺流程说明。

工厂所产生的废水首先经排污管道收集后进入格栅池。在格栅池内，水体首先经过粗格栅，对废水中的漂浮物大颗粒/悬浮物进行拦截，以免其堵塞后续的废水提升泵等工艺设备；格栅池出水通过泵提的方式进入竖流式沉砂池。竖流式沉砂池内的废水通过自流进入水解酸化池；在水解酸化池内，在大量水解细菌、酸化菌作用下将不溶性有机物水解为溶解性有机物，将难生物降解的大分子物质转化为易生物降解的小分子物质，为后续处理奠定良好基础；出水自流至活性污泥生物池。活性污泥法是在有氧的情况下，借助好氧微生物（主要是好氧菌及兼性菌，包括兼性微生物）的作用来进行的，废水中的溶解性有机物透过细菌细胞壁和细胞膜而为细菌所吸收；固体的和胶体的有机物先附着在细菌体外，被细菌所分泌的外酶分解为溶解性物质，再渗入细胞。细菌通过自身的生命活动——氧化、还原、合成等过程，把一部分被吸收的有机物氧化成简单的无机物，并释放出供细菌生长、活动所需的能量，而把另一部分有机物转化成为生物必需的营养物质，组成新的细胞物质，于是细菌逐渐生长繁殖。其他的微生物摄取营养后，在它们体内也发生相同的生物化学反应。然后出水进入竖流式二沉池，该池主要用于分离去除上级处理单元出水中因反应致使污水中溶解性物质变性呈固态而新增的"悬浮物"，以使出水水质清澈，并去除污水中的溶解性物质。同时，部分污泥回流至活性污泥生物池，既可补充流失的污泥菌落，又可补充碳源，还对氨氮的去除有着重大的影响。在竖流式二沉池中，可适当投加一定量的混凝剂，有助于泥水分离。最后出水进入接触消毒池，使消毒剂与污水充分混合，从而杀死处理后污水中的病原性微生物，使污水最后达标排放。

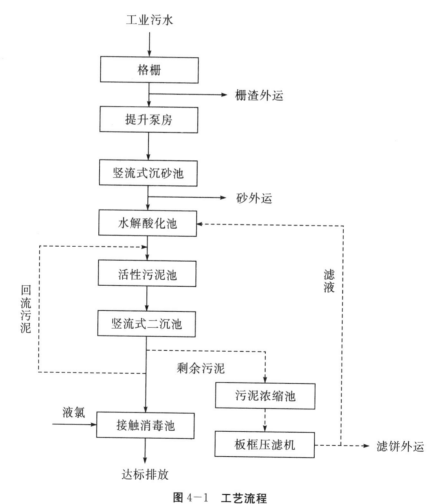

图4-1 工艺流程

另外，竖流式二沉池中的剩余污泥通过刮泥机进入污泥浓缩池，污泥浓缩池污泥经板框压滤机进行干化脱水处理。其中，滤液回流至水解酸化池进行处理，泥饼作为固体废弃物外运垃圾填埋场进行填埋。

（二）处理子单元设计

1. 溢流井

许多城镇没有实行雨污分流，为了预防暴雨造成的水量大幅度的增加超过处理负荷，需要在前面设置溢流井。溢流井的作用是对经污水管网输送到污水处理厂的污水进行储存分流，正常情况下，通过溢流井分流的污水全部进入污水处理厂进行处理，当该地区出现大暴雨时，除初期雨水分流进入污水处理厂处理外，中后期雨水通过分流、溢流进入环境水体。

设计参数：

规格尺寸：$1 \text{ m} \times 1.6 \text{ m} \times 4.5 \text{ m}$。

容积：$V = 7.2 \text{ m}^3$。

结构：钢混结构。

数量：1座，含闸门等配套附件。

2. 格栅渠（1座2格）

格栅由一组平行的金属栅条或筛网制成，安装在污水渠道、泵房集水井的进口处或污水处理厂的端部，用以截留较大的悬浮物或漂浮物，以便减轻后续构筑物的处理负荷，使之正常运行。

格栅渠一格尺寸为 $L \times B \times H = 5.0 \text{ m} \times 4.0 \text{ m} \times 1.3 \text{ m}$，容积为 26 m^3。

格栅渠1座2格（1格备用），总容积为 42 m^3。

格栅间隙数为34。

结构形式：钢混结构。

配套设备：格栅、格栅机回转式 GSHZ—2000×1300—10。

3. 污水提升泵房

污水处理厂在运行工艺中一般采用重力流的方法通过各个构筑物和设备，但由于厂区地形和地质的限制，必须在前处理之前加提升泵房，将污水提升到一定的高度后才能按重力流的方式运行。污水提升泵的作用就是将上游来的污水提升至后续处理所需高度，使其实现重力流。

4. 竖流式沉砂池

竖流式沉砂池的进水自上而下，由中心管进入池内，无机颗粒在重力作用下沉于池底。其占地面积小，适合于处理含砂量较小的污水厂。

沉砂池总面积 $A = 0.4083 \text{ m}^2$；池径 $D = 0.721 \text{ m}$，取 0.8 m；沉砂池总高度 $H = 2.8 \text{ m}$。

沉砂池2座（1座备用），总容积为 2.3 m^3。

结构形式：钢混结构。

5. 水解酸化池（1座4格）

厌氧微生物处理污水中的有机污染物的过程可以分为四个阶段："水解阶段→酸化

阶段→产氢产乙酸阶段→产甲烷阶段",这也即所谓的厌氧处理"四阶段论"。由于"产甲烷阶段"的周期较长,所以为提高厌氧微生物的处理效率同时节约工程投资,在实际工程中,常将厌氧微生物处理污水中的污染物质的过程控制在周期较短的第一阶段(水解阶段)和第二阶段(酸化阶段)。

水解酸化池尺寸为 $L \times B \times H = 10.5 \text{ m} \times 6 \text{ m} \times 5.5 \text{ m}$,容积为 346.5 m^3。

水解酸化池 1 座 4 格,总容积为 1386 m^3。

结构形式:钢混结构。

填料:生物组合填料、各种管材。

6. 活性污泥生物池

向生活污水注入空气进行曝气,每天保留沉淀物,更换新鲜污水。这样,在持续一段时间后,在污水中即将形成一种黄褐色的絮凝体。这种絮凝体主要由大量繁殖的微生物群体所构成,它易于沉淀与水分离,并使污水得到净化、澄清。这种絮凝体就是称为"活性污泥"的生物污泥。活性污泥是活性污泥处理系统的主要作用物质。在活性污泥上栖息着具有强大生命力的微生物群体。在微生物群体新陈代谢功能的作用下,使活性污泥具有将有机污染物转化为稳定的无机物质的活力。在活性污泥处理系统中,有机污染物从污水中去除过程的实质就是有机污染物作为营养物质被活性污泥微生物摄取、代谢和利用的过程,也就是所谓的"活性污泥反应"的过程。这一过程的结果是污水得到净化,微生物获得能量合成新的细胞,使活性污泥得到增长。

1 座生化池的尺寸为 $L \times B \times H = 8.8 \text{ m} \times 4.2 \text{ m} \times 4.0 \text{ m}$。

曝气池设 2 个廊道,每个廊道长 4.4 m。

生化池 2 座,总容积为 295 m^3。

结构形式:钢混结构。

生化池平均日供气量,按下式计算:

$$G_s = \frac{R_0}{0.3 E_A} = \frac{346.92}{0.3 \times 0.12} = 9636.67 \text{ m}^3/\text{d}$$

生化池最大日供气量,按下式计算:

$$G_{smax} = \frac{R_{0max}}{0.3 E_A} = \frac{685.31}{0.3 \times 0.12} = 19036.39 \text{ m}^3/\text{d}$$

每立方米供气量为: $\frac{9636.67}{1000} = 9.64 \text{ m}^3$ 空气/m^3 污水。

配套装置:网状膜型中的微孔空气扩散器、各种管材、活性污泥。

7. 沉淀池(2 座)

竖流式沉淀作为二沉池,池呈圆形,在沉淀池内,利用固液之间的密度差异,污水中可沉降式悬浮物在自身重力的作用下沉降至池底,并在池底设置的锥形斗内集聚、浓缩,上清液经池体顶部溢流槽收集后自流。作为主处理后置构筑物,用于分离去除主处理单元出水中因主处理反应致使污水中溶解性物质变性呈固态而新增的"悬浮物",以使主处理单元出水水质清澈的同时达到去除污水中溶解性物质的目的。二沉池是用于分离生物处理单元出水中的微生物体,以使出水水质清澈的同时单独地将分离出来的部分微生物体回流至生物处理单元内,以维持生物处理所必需的微生物浓度。

沉淀池 1 座，尺寸为 $H \times D = 8.0 \text{ m} \times 6.7 \text{ m}$；沉淀池 2 座，总容积为 563.82 m^3。

结构形式：钢混结构。

配套装置：中心导流筒、集水槽、污泥泵。

8. 污泥浓缩池

污泥浓缩的主要目的是降低污泥含水率、减少污泥体积。浓缩减少的是污泥所含的间隙水，同时能改变其物理状态，减少池容积和处理所需的投药量，缩小用于输送污泥的管道和泵类的尺寸，以便进一步处置利用。重力浓缩是一种重力沉降过程，属于分层沉降，依靠污泥中的固体物质的重力作用进行沉降与压密。污泥浓缩过程中顺次存在着自由沉降、絮凝沉降、区域沉降和压缩沉降等过程。重力浓缩的构筑物称为重力浓缩池，按其运转方式可以分为连续式和间歇式两种。连续式主要用于大、中型污水处理厂，连续式重力浓缩池的进泥与出水都是连续的，排泥可以是连续的，也可以是间歇的。当池子较大时采用辐流式浓缩池，当池子较小时采用竖流式浓缩池。竖流式浓缩池采用重力排泥，辐流式浓缩池多采用刮泥机排泥，有时也可以采用重力排泥，但池底应做成多斗。重力浓缩池一般采用水密性钢筋混凝土建设，设有进泥管、排泥管和上清液排出管，平面形式有圆形和矩形两种，一般多采用圆形。

污泥浓缩池体积为：

$$V = A \times H = 12.4 \times 8.67 = 107.51 \text{ m}^3$$

泥斗上、下底的面积为：

$$S_1 = \frac{\pi}{4} D^2 = \frac{3.14}{4} \times 5.04^2 = 19.94 \text{ m}^2, \quad S_2 = \frac{\pi}{4} d^2 = \frac{3.14}{4} \times 1.8^2 = 2.54 \text{ m}^2$$

泥斗容积为：

$$V_{斗} = \frac{1}{3} h_5 (S_1 + S_2 + \sqrt{S_1 S_2}) = \frac{1}{3} \times 2.8 \times (19.94 + 2.54 + \sqrt{19.94 \times 2.54})$$

$$= 27.6 \text{ m}^3 > 23.3 \text{ m}^3$$

浓缩池有效深度为：

$$H' = h_1 + h_2 + h_3 = 5.2 + 0.3 + 0.3 = 5.8 \text{ m} > 3 \text{ m}, \text{符合要求}$$

浓缩池总深度为：

$$H = h_1 + h_2 + h_3 + h_4 + h_5 = 5.2 + 0.3 + 0.3 + 0.07 + 2.8 = 8.67 \text{ m}$$

结构形式：钢混结构。

污泥最后经板框式压滤机脱水，外运进行处理。

三、构筑物设计及计算

(一) 格栅渠 (1 座 2 格)

(1) 最大设计流量为：

$$Q_{\max} = 1.51 \times Q = 1.51 \times \frac{1000}{24} = 62.9 \text{ m}^3/\text{h} = 0.0175 \text{ m}^3/\text{s}$$

(2) 取水力停留时间 $t = 20$ min，则 1 格栅池容积为：

$$V = Q_{\max} t = 0.0175 \times 20 \times 60 = 21 \text{ m}^3$$

（3）取栅条宽度、栅条间隙均为 60 mm，即 $S=e=60$ mm，安装角度 $\alpha=90°$，过栅流速 $v=0.8$ m/s，则阻力系数为：

$$\xi = \beta(\frac{S}{e})^{\frac{4}{3}} = 2.42 \times (\frac{60}{60})^{\frac{4}{3}} = 2.42$$

（4）水头损失为：

$$h_0 = \xi \frac{v^2}{2g}\sin\alpha = 2.42 \times \frac{0.8^2}{2 \times 9.81} \times \sin90° = 0.079 \text{ m}$$

（5）过栅水头损失为：

$$h_1 = kh_0 = 3 \times 0.079 = 0.237 \text{ m}$$

（6）设栅前水深 $h=0.5$ m，栅前渠道超高 $h_2=0.5$ m，则栅槽总高度为：

$$H = h + h_1 + h_2 = 0.5 + 0.237 + 0.5 \approx 1.25 \text{ m}，取 1.30 \text{ m}$$

（7）池面积为：

$$A = \frac{V}{H} = \frac{21}{1.05} = 20 \text{ m}^2$$

取池长 $L=5$ m，池宽 $B=4$ m。

（8）格栅渠一格尺寸为 $L \times B \times H = 5.0 \text{ m} \times 4.0 \text{ m} \times 1.30 \text{ m}$。

格栅渠 1 座 2 格（1 格备用），总容积为 42 m³，格栅间隙数为 34。

结构形式：地下式钢混结构。

配套设备：格栅、格栅机回转式 GSHZ－2000×1300－10。

（二）污水提升泵房

设计水量为 1000 m³/d，选用 4 台潜污泵（3 用 1 备），则单台流量为 41.67 m³/h，所需扬程为 11 m。

（三）竖流式沉砂池

设计流量 $Q=1000$ m³/d，变化系数 $K_z=1.51$，污水在中心管流速 $v_1=0.03$ m/s，池内水流上升流速 $v_2=0.0007$ m/s，间隙流出速度 $v_3=0.04$ m/s，沉淀时间 $t=1.5$ h。

（1）最大时流量为：

$$q_{max} = \frac{1000 \times 1.51}{24 \times 60 \times 60} = 0.0175 \text{ m}^3/\text{s}$$

（2）中心管面积为：

$$f_1 = \frac{q_{max}}{v_1} = \frac{0.0175}{0.03} = 0.583 \text{ m}^2$$

（3）中心管直径为：

$$d_1 = \sqrt{\frac{4f_1}{3.14}} = \sqrt{\frac{4 \times 0.583}{3.14}} = 0.862 \text{ m}$$

（4）中心管高度为：

$$h_2 = v_2 t = 3600 \times 0.0007 \times 1.5 = 3.78 \text{ m}$$

（5）中心管喇叭口到反射板之间的间隙高度为：

$$h_3 = \frac{q_{max}}{3.14 \, v_3 \times 1.35 \, d_1} = \frac{0.0175}{3.14 \times 0.04 \times 1.35 \times 0.862} = 0.12 \text{ m}$$

（6）沉砂池总面积和池径为：

$$f_2 = \frac{q_{max}}{v_2} = \frac{0.0175}{0.0007} = 25 \ m^2$$

$$A = f_1 + f_2 = 0.583 + 25 = 25.583 \ m^2$$

$$D = \sqrt{\frac{4A}{3.14}} = \sqrt{\frac{4 \times 25.583}{3.14}} = 5.71 \ m，取 5.8$$

（7）缓冲层 $h_4 = 0.3 \ m$，污泥斗和污泥斗高度，取 $\alpha = 60°$，截头直径为 $0.4 \ m$，则

$$h_5 = \frac{5.8 - 0.4}{2} \times \tan 60° = 0.468 \ m$$

（8）沉砂池总高度

$$H = h_1 + h_2 + h_3 + h_4 + h_5 = 0.3 + 3.78 + 0.12 + 0.3 + 0.468 = 9.18 \ m，取 9.2 \ m$$

（四）水解酸化池（1 座 4 格）

经水解酸化池后，SS 去除率为 60%，COD_{cr} 去除率为 30%，BOD_5 去除率为 10%，以此计算相关尺寸如下：

取停留时间 $t = 5 \ h$，则水解池容积为：

$$V = Q_{max} \times t = 0.0175 \times 5 \times 3600 = 315 \ m^3$$

一座池分 4 格，每格体积为：

$$V_1 = \frac{V}{4} = \frac{315}{4} = 78.75 \ m^3$$

水解池有效水深 $h = 5 \ m$，则每格面积为：

$$A = \frac{V_1}{h} = \frac{78.75}{5} = 15.75 \ m^2$$

取池长 $L = 5 \ m$，池宽 $B = 3.2 \ m$。

超高为 $h_1 = 0.5 \ m$，池高 $H = h + h_1 = 5 + 0.5 = 5.5 \ m$。

水解酸化池尺寸为 $L \times B \times H = 5 \ m \times 3.2 \ m \times 5.5 \ m$，容积为 88 m^3，水解酸化池 1 座 4 格，总容积为 352 m^3。

结构形式：钢混结构。

填料：生物组合填料、各种管材。

（五）活性污泥生物池

1. 生化池各部分尺寸的计算

原水中 BOD_5 值为 300 mg/L，经沉砂池和水解酸化池处理，BOD_5 按降低 28% 考虑，则进入活性污泥生化池的污水，其 BOD_5 值为：

$$S_a = 300 \times (1 - 28\%) = 216 \ mg/L$$

处理水要达到一级 B 标排放，水中悬浮物固体浓度，取 $C_e = 20 \ mg/L$；微生物自身氧化率，取 $b = 0.09$；活性微生物在处理水中所占的比例，取 $X_a = 0.4$。

（1）水中非溶解性 BOD_5 值为：

$$BOD_5 = 7.1 b X_a C_e = 7.1 \times 0.09 \times 0.4 \times 20 = 5.112 \approx 5.1 \ mg/L$$

（2）处理水中溶解性 BOD_5 值为：

$$S_e = 20 - 5.1 = 14.9 \ \text{mg/L}$$

（3）去除率为：

$$\eta = \frac{S_a - S_e}{S_a} \times 100\% = \frac{216 - 14.9}{216} \times 100\% = 93.10\%$$

（4）采用普通曝气，BOD-污泥负荷率为 $0.3 \ \text{kgBOD}_5 / \ (\text{kgMLSS} \cdot \text{d})$，$K_2$ 值取 0.0185，$f = \dfrac{\text{MLVSS}}{\text{MLSS}} = 0.75$，则根据污泥负荷计算生化池的体积为：

$$N_s = \frac{K_2 S_e f}{\eta} = \frac{0.0185 \times 14.9 \times 0.75}{0.931} = 0.22 \ \text{kgBOD}_5/(\text{kgMLSS} \cdot \text{d})$$

（5）取 SVI 值为 120，$r = 1.2$，$R = 50\%$，则混合液污泥浓度为：

$$X = \frac{R \times r \times 10^6}{(1 + R)\text{SVI}} = \frac{0.5 \times 1.2 \times 10^6}{(1 + 0.5) \times 120} = 3333 \ \text{mg/L}$$

回流污泥浓度为：

$$X_r = \frac{10^6}{\text{SVI} \cdot r} = \frac{10^6}{120} \times 1.2 = 10000 \ \text{mg/L}$$

（6）生化池体积为：

$$V = \frac{Q S_a}{N_s X} = \frac{1000 \times 216}{0.22 \times 3333} = 294.57 \ \text{m}^3 \approx 295 \ \text{m}^3$$

设 2 组生化池，每组容积为：

$$V_1 = \frac{V}{2} = \frac{295}{2} = 147.5 \ \text{m}^3$$

（7）取池深 $H = 4.0 \ \text{m}$，则每组生化池的面积为：

$$A = \frac{V_1}{H} = \frac{147.5}{4.0} = 36.875 \ \text{m}^2 \approx 36.9 \ \text{m}^2$$

（8）取池宽 $B = 4.2 \ \text{m}$，$\dfrac{B}{H} = \dfrac{4.2}{4.0} = 1.05$，介于 1～2 之间，符合规定。

池长为：

$$L = \frac{A}{B} = \frac{36.9}{4.2} = 8.786 \ \text{m} \approx 8.8 \ \text{m}$$

设 2 个廊道式曝气池，廊道长为：

$$L_1 = \frac{L}{2} = \frac{8.8}{2} = 4.4 \ \text{m}$$

每座生化池尺寸为 $L \times B \times H = 8.8 \ \text{m} \times 4.2 \ \text{m} \times 4.0 \ \text{m}$。

2. 曝气系统的计算

（1）平均日需氧量的计算。

取 $a' = 0.5$，$b' = 0.15$，则

$$\Delta O_2 = a' + \frac{b'}{N_s} = 0.5 + \frac{0.15}{0.22} = 1.18 \ \text{kgO}_2 / \text{kgBOD}_5$$

（2）最大日需氧量的计算。

最大日需氧量和平均需氧量的比值取 1.975，则

$$\Delta O_{2max} = 1.975 \times 1.18 = 2.331 \ kgO_2/kgBOD_5$$

（3）供气量的计算。

实际工程所需空气量较标准条件下的所需空气量多 50%，则 $R_0 = 1.5R$。

（4）生化池平均日供气量的计算。

$$R = \Delta O_2 \times S_r \times Q = 1.18 \times \frac{216 - 20}{1000} \times 1000 = 231.28 \ kgO_2/d$$

$$R_0 = 1.5R = 1.5 \times 231.28 = 346.92 \ kgO_2/d$$

取空气的氧转移效率 E_A 为 12%，则生化池平均日供气量为：

$$G_s = \frac{R_0}{0.3E_A} = \frac{346.92}{0.3 \times 0.12} = 9636.67 \ m^3/d$$

（5）生化池最大日供气量的计算。

$$R_{max} = \Delta O_{2max} \times S_r \times Q = 2.331 \times \frac{216 - 20}{1000} \times 1000 = 456.88 \ kgO_2/d$$

$$R_{0max} = 1.5R_{max} = 1.5 \times 456.88 = 685.31 \ kgO_2/d$$

生化池最大日供气量为：

$$G_{s\,max} = \frac{R_{0max}}{0.3E_A} = \frac{685.31}{0.3 \times 0.12} = 19036.39 \ m^3/d$$

（6）每立方米供气量为：

$$\frac{9636.67}{1000} = 9.64 \ m^3 \ 空气 \ /m^3 \ 污水$$

配套装置：网状膜型中的微孔空气扩散器、各种管材、活性污泥。

（六）沉淀池（2座）

（1）假设用 2 座沉淀池进行沉淀作用，最大流量 $Q_{max} = 0.0175 \ m^3/s$，$n = 2$，则

$$q_{max} = \frac{Q_{max}}{n} = \frac{0.0175}{2} = 0.0087 \ m^3/s$$

（2）取中心管流速 $v_0 = 0.03 \ m/s$，则每座沉淀池中心管面积为：

$$f_1 = \frac{q_{max}}{v_0} = \frac{0.0087}{0.03} = 0.29 \ m^2$$

中心管直径为：

$$d_0 = \sqrt{\frac{4f_1}{\pi}} = \sqrt{\frac{4 \times 0.29}{\pi}} = 0.608 \ m \approx 0.61 \ m$$

（3）取沉淀时间 $t = 2.0 \ h$，污水在沉淀区的上升流速 $v = 0.9 \ m/h$，沉淀池的有效沉淀高度，即中心管高度为：

$$h_2 = vt = 0.9 \times 2.0 = 1.8 \ m$$

（4）中心管喇叭口到反射板之间的间隙高度为：

$$h_3 = \frac{q_{max}}{v_1 \ \pi d_1} = \frac{0.0087}{0.04 \times 3.14 \times 0.82} = 0.084 \ m$$

式中，$v_1 = 0.04 \ m/s$；$d_1 = 1.35d_0 = 1.35 \times 0.61 = 0.8235 \ m$，取 $0.82m$。

（5）每座沉淀池的沉淀区面积为：

$$f_2 = \frac{q_{max}}{v} = \frac{0.0087 \times 3600}{0.9} = 34.8 \ m^2$$

（6）每座沉淀池的总面积为：

$$A = f_1 + f_2 = 0.29 + 34.8 = 35.09 \ m^2$$

每座沉淀池的直径为：

$$D = \sqrt{\frac{4A}{\pi}} = \sqrt{\frac{4 \times 35.09}{3.14}} = 6.69 \ m，取 6.7 \ m$$

（7）取 $\alpha = 60°$，截头直径为 0.4 m，则

$$h_5 = \frac{6.7 - 0.4}{2} \times \tan 60° = 5.456 \ m，取 5.5 \ m$$

取超高 $h_1 = 0.3$ m，缓冲层高度 $h_4 = 0.3$ m，则沉淀池总高度为：

$$H = h_1 + h_2 + h_3 + h_4 + h_5 = 0.3 + 1.8 + 0.084 + 0.3 + 5.5 = 7.984 \ m，取 8.0 \ m$$

每座沉淀池尺寸为 $H \times D = 8.0 \ m \times 6.7 \ m$；沉淀池 2 座，总容积为 563.82 m^3。

结构形式：地埋式钢混结构。

配套装置：中心导流筒、集水槽、污泥泵。

（七）污泥浓缩池

1. 污泥回流系统的设计与剩余污泥的处置

（1）回流污泥量的计算。

$$R = \frac{X}{X_r - X} = \frac{3333}{10000 - 3333} = 0.5$$

回流污泥量为：

$$Q_R = RQ = 0.5 \times 1000 = 500 \ m^3/d = 5.79 \ L/s$$

（2）污泥提升设备的选择与设计。

本次设计选用螺旋泵。

设计流量：5.79 L/s；安装角度：30°；螺旋泵外缘直径：$D = 300$ mm；转速：68～125 r/min。

（3）剩余污泥及其处置。

① 活性污泥微生物每日在曝气池中的净增值量为：

$$\Delta X = Y(S_a - S_e)Q - K_d V X_V$$

式中　　ΔX——每日增长（排放）的挥发性污泥量（kg/d）；

　　　　$(S_a - S_e)Q$——每日有机污染物降解量（kg/d）；

　　　　$V X_V$——曝气池内混合液中挥发性悬浮固体总量（kg），其中 $X_V = MLVSS$；

　　　　Y——产率系数，取 0.5；

　　　　K_d——衰减系数，取 0.15。

$$\Delta X = 0.5 \times \frac{216 - 20}{1000} \times 1000 - 0.15 \times 295 \times \frac{2000}{1000} = 9.5 \ kg/d$$

②折算为湿重的总悬浮固体，每日从系统中排除的剩余污泥量为：

$$Q_s = \frac{\Delta X}{f X_r} = \frac{9.5}{0.75 \times 10} = 1.27 \text{ kg/d}$$

（4）浓缩池的面积。

①初次沉淀污泥量。根据污水中悬浮物浓度、污水流量、去除率及污泥含水率，初次沉淀污泥量用下式计算：

$$V = \frac{100 C_0 \eta Q}{10^3 (100 - p) \rho}$$

式中　V——初次沉淀污泥量（m^3/d）；

　　　Q——污水流量（m^3/d）；

　　　η——去除率，取 53.3%；

　　　C_0——进水悬浮物浓度（mg/L），取 3333 mg/L；

　　　p——污泥含水率，取 99.6%；

　　　ρ——沉淀污泥密度（kg/m^3），取 1000 kg/m^3。

$$V = \frac{100 \times 3333 \times 53.3\% \times 1000}{10^3 \times (100 - 99.6) \times 1000} = 444.12 \text{ m}^3/\text{d}$$

②进入污泥浓缩池的总悬浮物量为：

$$V_{总} = V + \frac{\Delta X - Q_s}{\rho} = 444.12 + \frac{9.5 - 1.27}{1} = 452.35 \text{ m}^3/\text{d}$$

③浓缩池的面积为：

$$A = \frac{Q_0 C_0}{G_L}$$

式中　A——浓缩池设计表面积（m^2）；

　　　Q_0——入流污泥量（m^3/h），取 $18.51 \text{ m}^3/\text{h}$；

　　　C_0——入流污泥固体浓度（kg/m^3），取 6.7 kg/m^3；

　　　G_L——极限固体通量 $[\text{kg/(m}^2 \cdot \text{h})]$，取 $20 \text{ kg/(m}^2 \cdot \text{h})$。

$$A = \frac{18.51 \times 6.7}{20} = 12.4 \text{ m}^2$$

④采用两个浓缩池（$n=2$），则

$$A_1 = \frac{A}{n} = \frac{12.4}{2} = 6.2 \text{ m}^2$$

⑤浓缩池的直径为：

$$D = \sqrt{\frac{4A_1}{\pi}} = \sqrt{\frac{4 \times 6.2}{3.14}} = 2.81 \text{ m}$$

（5）浓缩池的高度。

①取浓缩池贮泥高度为 5.2 m；超高：$h_1 = 0.3 \text{ m}$；缓冲层高度：$h_3 = 0.3 \text{ m}$。

②取池底坡度 $i = 0.05$，则池底坡度造成的深度 h_4 为：

$$h_4 = \frac{D}{2} \times i = \frac{2.81}{2} \times 0.05 = 0.07 \text{ m}$$

③采用的泥斗为圆台形，泥斗斗底倾角采用 $60°$，取泥斗斗底直径为 $d=1.8 \text{ m}$，泥

斗上口直径为 $D=5.04$ m，则泥斗深度为：

$$h_5 = \frac{D-d}{2}\tan\theta = \frac{5.04-1.80}{2}\times\tan 60° = 2.8\ \text{m}$$

浓缩池总深度为：

$$H = h_1 + h_2 + h_3 + h_4 + h_5 = 5.2+0.3+0.3+0.07+2.8 = 8.67\ \text{m}$$

④取进泥密度为 1000 kg/m³，则可以近似地认为浓缩池进泥的含水率 $P_1=99.6\%$，浓缩后污泥的含水率 $P_2=96\%$，10 天清理一次，则浓缩后污泥体积为：

$$V = A \times H = 12.4 \times 8.67 = 107.51\ \text{m}^3$$

泥斗的上、下底面积为：

$$S_1 = \frac{\pi}{4}D^2 = \frac{3.14}{4}\times 5.04^2 = 19.94\ \text{m}^2$$

$$S_2 = \frac{\pi}{4}d^2 = \frac{3.14}{4}\times 1.8^2 = 2.54\ \text{m}^2$$

泥斗容积为：

$$V_{斗} = \frac{1}{3}h_5(S_1+S_2+\sqrt{S_1 S_2}) = \frac{1}{3}\times 2.8\times(19.94+2.54+\sqrt{19.94\times 2.54})$$

$$= 27.6\ \text{m}^3 > 23.3\ \text{m}^3$$

浓缩池有效深度为：

$$H' = h_1 + h_2 + h_3 = 5.2+0.3+0.3 = 5.8\ \text{m} > 3\ \text{m（符合要求）}$$

结构形式：地下式钢混结构。

污泥最后经板框式压滤机脱水，外运进行处理。

四、平面布置及管道布置

（一）污水处理厂平面布置

污水处理厂平面布置原则：厂区构筑物布置紧凑、功能分区合理、处理流程通畅、有利生产、方便管理。功能分区包括污水处理区、污泥处理区。其中绿化率为 40%。

污水处理区内包括预处理区、污水生化处理区。污泥处理区的构（建）筑物有污泥干化池等。

人员办公及控制、管理的生活区设有综合房。在设计中，应考虑设在主导风向的上风向且与产生异味的污泥干化池等保持一定的距离。

在平面布置上，同时考虑将预处理区等用电负荷较高的设施布置在综合房附近。

各构筑物间充分考虑厂区内各种管线布置所需的间距。

在管理区内和各生产构筑物间合理安排装点环境的景点，考虑足够的绿化用地。污水厂与外界之间设有绿化隔离带。

污水厂按处理流程布置处理构筑物，依照进水方向依次布置预处理、生化处理，从整体上看，流程清楚、布置紧凑。

（二）污水处理厂管道布置

1. 设计范围与设计原则

管网设计范围包括水、泥及各种构筑物之间的连接管道，厂区的工艺管线、给水、雨水、污水、电力、通信等。管线的走向交叉错综复杂，其布置原则在满足功能要求的同时，以达到经济实用的目的。各构筑物之间的连接管道尽量以直线形式连接，缩短距离，减少交叉；充分利用地形坡度敷设重力污水管道和雨水管道，当交叉点上各管道高程发生矛盾时，按压力管道避让重力管道的原则解决。

2. 厂区污水管设计

厂区污水管用于生活污水的排放及各构筑物的放空，管材选用 UPVC 排水管。厂区生活污水经过化粪池处理后通过厂区排污管道流入格栅渠。

3. 厂区雨水管设计

根据厂区竖向设计，顺地势沿厂区道路设雨水边坡、排水沟等。

五、高程布置

（一）污水处理厂高程布置概述

污水处理厂污水处理高程布置的主要任务：确定各构筑物和泵房的高程，确定处理构筑物之间连接管（渠）的尺寸及其高程，通过计算确定各部位的水位高程，从而能够使污水沿处理流程在处理构筑物之间通畅地流动，保证污水处理厂的正常运行。

1. 污水处理厂高程布置的考虑事项

（1）选择一条最长、水头损失最大的流程进行水力计算，并应适当留有余地，以保证任何情况下处理系统都能够运行正常。

（2）计算水头损失时，一般以近期最大的流程作为构筑物和管渠的设计流量；计算涉及远期流量的管渠和设备时，应以远期最大流量为设计流量，并酌加扩建时的备用水头。

（3）在高程布置时，应注意污水流程与污泥流程的配合，尽量减少需抽升的污泥量。

2. 污水处理厂的高程布置

为了降低运行费用和便于管理，污水在处理构筑物之间的流动按重力流考虑为宜（污泥流动不在此例）。为此，必须精确地计算污水流动中的水头损失。水头损失包括：

（1）污水经各处理构筑物的内部水头损失。

（2）污水经连接前后两构筑物管渠的水头损失，包括沿程水头损失和局部水头损失。

（3）局部水头损失按沿程水头损失的30％计。

（二）高程计算

由于各构筑物的水头损失比较多，计算起来比较烦琐，且在无具体资料的情况下，高程采用简化计算。

$$H = h_1 + h_2 + h_3$$

式中　h_1——沿程水头损失（m），$h_1 = iL$，$i = 0.005$；

　　　h_2——局部水头损失（m），$h_2 = 0.3h_1$；

　　　h_3——构筑物水头损失（m），取参考值。

污水流经各处理构筑物的水头损失，在做初步设计时，可按表 4-1 所列数据估算。但应当认识到，污水流经处理构筑物的水头损失主要产生在进口和出口以及需要的跌水（多在出口处），而流经构筑物本身的水头损失则很小。

表 4-1　构筑物水头损失

构筑物名称	流量 /(m³/d)	地面高程 /m	总水头损失/m	进水高程 /m	出水高程 /m	池顶高程 /m	池底高程 /m
格栅间	1000	383.50	0.10	377.35	377.25	377.65	376.60
提升泵房	1000	383.50	0.10	377.15	387.15	384.00	374.40
沉砂池	1000	383.50	0.31	386.66	386.35	386.96	377.76
水解酸化池	1000	383.50	0.15	385.70	385.55	386.20	391.70
活性污泥生化池	1000	383.50	0.40	385.55	385.15	385.25	381.25
竖流式二沉池	1000	383.50	0.45	384.75	384.30	385.05	377.05
消毒池	1000	383.50	0.90	382.30	381.40	383.80	380.80

六、附图

1. 某工业生产废水工艺方案（水解酸化+活性污泥法）总平面布置图（见附图 5）。
2. 某工业生产废水工艺方案（水解酸化+活性污泥法）高程图（见附图 6）。

第二节　1000 m³/d 某工业生产废水处理厂工艺设计（水解酸化＋生物接触氧化法）

设计者：以柳丹为组长的设计小组

一、设计任务书

（一）设计题目

某工业生产废水处理厂工艺设计。

（二）设计资料

1. 水量及水质

（1）设计水量 $Q=1000$ m³/d。

（2）设计进出水水质见表 4-2。

表 4-2 某工业生产废水处理厂工艺设计进出水水质

水质指标	COD_{Cr} /(mg/L)	BOD_5 /(mg/L)	SS /(mg/L)	NH_3-N /(mg/L)	TN /(mg/L)	TP /(mg/L)	pH	T /℃
进水水质	860	300	200	15	20	1	6～9	12～25
出水水质	100	20	70	15	20	0.5	6～9	12～25

注：冬天最低水温 12℃，夏天最高水温 25℃。

2. 处理条件

处理要求根据受纳水体的使用功能确定。

3. 厂区条件

根据选址原则及城市总体规划，贯彻污水处理厂布置应相对集中、成规模运行的原则，结合某市城市的地形情况、相关规划及可研情况，该厂区西部为铁路经过处，东部为某有限公司北侧围墙与铁路围墙间的普通农田，约 4 亩，无不良地质迹象，适宜建设，交通方便。

（三）设计内容

依据设计资料和设计要求，确定工艺流程，进行构筑物工艺设计计算，在此基础上进行平面及高程布置。

1. 工艺流程选择

（1）论述现有有机废水处理的流程和各处理单元的功能及相互作用关系。

（2）依据设计资料，确定设计工艺流程。

（3）计算和确定各处理单元的设计效率。

2. 构筑物工艺设计计算

（1）确定主要构筑物（格栅、调节池、水解酸化池、生物膜法生物池、二沉池、接触消毒池等）的形式、工艺尺寸。

（2）主要配套设备能力计算及选型。

3. 平面及高程布置

（1）论述平面布置原则，在此基础上，根据厂区气象、工程地质、构筑物形式及相互连接等确定本设计的平面布置。

（2）论述高程布置原则，在此基础上确定本设计的高程布置。

（3）平面及高程布置应充分考虑工艺布置要求与工厂实际可用地面积之间的关系，宜尽可能地紧凑，以节约用地。

（四）设计成果

（1）计算说明书（设计内容的详细陈述、依据、计算过程、系统框图）。

（2）废水处理厂平面图。

（3）废水处理厂高程布置图。

（五）设计期限

3 周。

二、废水处理工艺

（一）废水处理工艺流程

考虑到该废水的水质特点及处理出水要求，工业废水生产企业达到《污水综合排放标准》（GB 8978—2012）中的一级标准。本次设计工艺流程如图 4-2 所示。

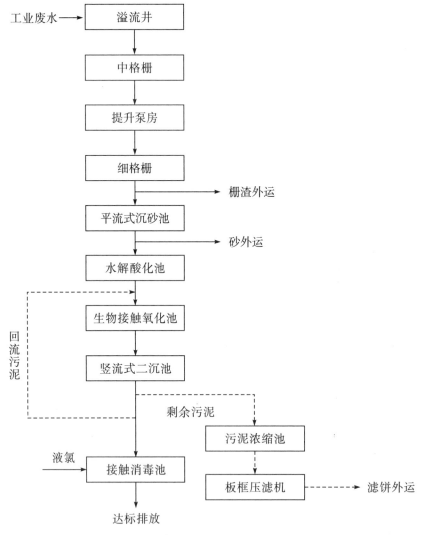

图 4-2 某工业生产废水处理工艺流程

（二）工艺流程说明

工厂所产生的废水首先经排污管道收集后进入溢流井中。在溢流井内，汇集各种来水以改变进水方向，保证进水稳定性，并且起到一种缓冲作用，水体再经过中格栅，人工中格栅可对废水中较大颗粒的漂浮物/悬浮物进行拦截，以减轻其对后续过程的影响；通过中格栅后的污水通过提升泵到格栅池中再通过细格栅，人工细格栅可对废水中残留的相对颗粒较小的漂浮物/悬浮物进行拦截，以免其堵塞后续的废水泵等工艺设备；格栅池出水自流进入平流式沉砂池，平流式沉砂池对废水中无机颗粒的去除具有特别显著的作用。平流式沉砂池内的废水持续不断地进入水解酸化池；在水解酸化池内，在大量水解细菌、酸化菌作用下将不溶性有机物水解为溶解性有机物，将难生物降解的大分子物质转化为易生物降解的小分子物质，为后续处理奠定良好基础；出水自流至生物接触氧化池，其生物接触氧化池具有活性污泥法特点的生物膜法，兼有活性污泥法和生物膜法的优点。生物膜法生物池的填料表面全为微生物所布满，形成了生物膜的主体结构，丝状菌的大量滋生有可能形成一个呈立体结构的密闭生物网而能够达到很高的净化效果。接着出水进入竖流式二沉池，该池主要用于分离和去除上级处理单元出水中因反应致使污水中溶解性物质变性呈固态而新增的"悬浮物"，以使出水水质清澈，并去除污水中的溶解性物质。同时，部分污泥回流至生物接触氧化池，既可补充流失的污泥菌落，又可补充碳源，还对氨氮的去除有着重大的影响。在竖流式二沉池中，可适当投加一定量的混凝剂，有助于泥水分离；出水进入接触消毒池，使消毒剂与污水充分混合，从而杀死处理后污水中的病原性微生物；污水最后达标排放。另外，竖流式二沉池中的剩余污泥通过刮泥机进入污泥浓缩池，污泥浓缩池中的污泥经板框压滤机进行干化脱水处理。其中，滤液回流至调节池进行处理，泥饼作为固体废弃物外运垃圾填埋场进行填埋。

三、构筑物的设计及计算

（一）溢流井

1. 溢流井的作用

溢流井的作用是汇集各种来水以改变进水方向，保证进水稳定性。把一些产生污染的窨井水集中到一口井中，由此井通向污水处理厂，如果没有此井，要想污水进入污水厂，就必须每根管子都进污水处理厂，而在前面就用一口井来截流这些污水，到污水处理厂的管道就会大大减少，也利于收集污水，这样的井就是污水溢流井。用于不同的截流之用的截流井前设跨越管，跨越管的作用是当污水处理厂发生故障或维修时，可使污水直接排入水体。

2. 溢流井的设计及计算

设计流量为：

$$Q = qK = 1000 \times 1.5 = 1500 \ \text{m}^3/\text{d} = 17.36 \ \text{L/s} = 0.0174 \ \text{m}^3/\text{s}$$

式中，K 为变化系数，取 1.5。

查《室外排水设计规范》（GB 50014—2011），取设计坡度 $i=1$，充满度 $n=0.55$。

设计管径：由 $Q=AV=\pi R^2$，得 $R=74$ mm。因充满度 $n=0.55$，所以取设计进水管径 $D_1=300$ mm。

溢流井的直径为 $D=800$ mm。

（二）格栅

1. 格栅的作用及类型

格栅由一组或数组平行的金属栅条、塑料齿钩或金属网、框架及相关装置组成，倾斜安装在污水渠道、泵房集水井的进口处或污水处理厂的前端，用来截留污水中较粗大漂浮物和悬浮物，如纤维、碎皮、毛发、果皮、蔬菜、木片、布条、塑料制品等，防止堵塞和缠绕水泵机组、曝气器、管道阀门、处理构筑物配水设施、进出水口，减少后续处理产生的浮渣，保证污水处理设施的正常运行。

按照格栅形状，可分为平面格栅和曲面格栅；按照格栅净间距，可分为粗格栅（50～100 mm）、中格栅（10～40 mm）、细格栅（1.5～10 mm）三种。平面格栅和曲面格栅都可以做成粗、中、细三种。

本工艺采用矩形断面中格栅和细格栅各一道，采用机械清渣，中格栅设在污水提升泵房之前，细格栅设在污水提升泵房之后。

2. 格栅的设计原则

本设计中格栅的设计原则如下：

（1）格栅的清渣方式有人工清渣和机械清渣，一般采用机械清渣。

（2）机械格栅一般不宜少于2台。

（3）过栅流速一般采用 0.6～1.0 m/s。

（4）格栅前渠道内的水流速度一般采用 0.4～0.9 m/s。

（5）格栅倾角一般采用 45°～75°。

（6）通过格栅的水头损失一般采用 0.08～0.15 m。

（7）格栅间必须设置工作台，台面应高出栅前最高设计水位 0.5 m，工作台上应有安全和冲洗设施。

（8）格栅间工作台两侧过道宽度不应小于 0.7 m；对于工作台正面过道宽度，人工清除不应小于 1.2 m，机械清除不应小于 1.5 m。

（9）机械格栅的动力装置一般宜设在室内，或采取其他保护设施。

（10）格栅间内应安装吊运设备，以利于进行格栅及其他设备的检修、栅渣的日常清理。

3. 格栅的计算

（1）中格栅。

①设明渠数 $N_1=1$，明渠内有效水深 $h'=0.2$ m，水流速度 $v_1=0.4$ m/s，则明渠宽度为：

$$B_1 = \frac{Q}{v_1 h_1 N_1} = \frac{0.0174}{0.4 \times 0.2 \times 1} = 0.2175 \text{ m，取 } 0.22 \text{ m}$$

②格栅的间隙数量。

设栅槽宽度 $B=0.7$ m，栅条宽度 $S=0.01$ m，栅条间隙宽度 $e=0.025$ m。

由 $B=S(n-1)+en$，得 $0.7=0.01(n-1)+0.025n$，则 $n=20.29$，取 $n=21$。

③栅槽总高度为：

$$H=h+h_1+h_2=0.5+0.2+0.3=1.0 \text{ m}$$

式中　h——栅前水深（m）；

h_1——过栅水头损失（m），取 0.2 m；

h_2——栅前渠道超高（m），取 0.3 m。

④栅槽总长度为：

$$L=l_1+l_2+1.0+0.5+\frac{H_1}{\tan\alpha}=\frac{B-B_1}{2\tan\alpha_1}+\frac{l_1}{2}+1.0+0.5+\frac{h+h_2}{\tan\alpha}$$

$$=\frac{0.7-0.22}{2\tan20°}+\frac{0.66}{2}+1.0+0.5+\frac{0.8}{\tan75°}=2.7 \text{ m}$$

式中　l_1——进水渠道渐宽部分长度（m），$l_1=\frac{B-B_1}{2\tan\alpha_1}=\frac{0.7-0.22}{2\tan20°}=0.66$ m；

l_2——格栅槽与出水渠道渐缩部位长度（m），一般取 $l_2=0.5l_1$；

H_1——栅前渠道高度（m），取 0.8 m；

α_1——进水渠展开角（°），取 20°；

B_1——进水渠道宽度（m），取 0.22 m。

⑤每日栅渣量为：

$$W=\frac{QW_1}{K_总 \times 1000}=\frac{1500 \times 0.01}{2 \times 1000}=0.0075 \text{ m}^3/\text{d}$$

式中　W_1——栅渣量（m^3 栅渣/$10^3 m^3$ 污水），本设计中取 $W_1=0.01$ m^3 栅渣/$10^3 m^3$ 污水；

$K_总$——工业废水流量总变化系数，取 2.0。

中格栅尺寸为 $L \times B \times H=2.7$ m×0.7 m×1.0 m。

（2）细格栅。

①格槽宽度。

设栅槽宽度 $B=0.7$ m，栅条宽度 $S=0.01$ m，栅条间隙宽度 $e=0.001$ m。

由 $B=S(n-1)+en$，得 $0.7=0.01(n-1)+0.001n$，则 $n=64.5$，取 $n=65$。

②栅槽总高度为：

$$H=h+h_1+h_2=0.5+0.2+0.3=1.0 \text{ m}$$

③栅槽总长度为：

$$L=l_1+l_2+1.0+0.5+\frac{H_1}{\tan\alpha}=\frac{B-B_1}{2\tan\alpha_1}+\frac{l_1}{2}+1.0+0.5+\frac{h+h_2}{\tan\alpha}$$

$$=\frac{0.7-0.22}{2\tan20°}+\frac{0.66}{2}+1.0+0.5+\frac{0.8}{\tan75°}=2.7 \text{ m}$$

④每日栅渣量为：

$$W=\frac{QW_1}{K_总 \times 1000}=\frac{1500 \times 0.04}{2 \times 1000}=0.03 \text{ m}^3/\text{d}$$

式中　W_1——栅渣量（m^3 栅渣/$10^3 m^3$ 污水），本设计中取 $W_1=0.04$ m^3 栅渣/$10^3 m^3$ 污水；

$K_总$——工业废水流量总变化系数，取 2.0。

细格栅尺寸为 $L \times B \times H = 2.7 \text{ m} \times 0.7 \text{ m} \times 1.0 \text{ m}$。

（三）沉砂池

1. 沉砂池的作用及类型

污水中的无机颗粒不仅会磨损设备和管道，降低活性污泥活性，而且会沉积在反应池底部，减小反应池有效容积，甚至在脱水时扎破滤带，损坏脱水设备。沉砂池的设置目的就是去除污水中泥砂、煤渣等相对密度较大的无机颗粒，以免影响后续处理的构筑物的正常运行。

常用的沉砂池的形式主要有平流式沉砂池、曝气沉砂池、旋流式沉砂池。平流式沉砂池是早期污水处理系统常用的一种形式，它具有截留无机颗粒效果较好、构造简单等优点。本工艺中选择的沉砂池为平流式沉砂池，能够更好地截留无机颗粒等，满足本工艺的处理要求。

2. 沉砂池的设计参数

（1）设计流量的确定：当污水自流入池时，应按最大设计流量计算；当污水用污水泵抽入池时，按工作水泵的最大组合流量计算；合流制处理系统，按降雨时的设计流量计算。

（2）设计流量时的水平流速：最大流速为 0.3 m/s，最小流速为 0.15 m/s。这样的流速范围可基本保证无机颗粒能沉掉，而有机物不能下沉。

（3）最大设计流量时，污水在池中的停留时间不少于 30 s，一般为 30~60 s。

（4）设计有效水深不应大于 1.2 m，一般采用 0.25~1.0 m，每格池宽不宜小于0.6 m。

（5）沉砂池超高不宜小于 0.3 m。

3. 沉砂池的设计计算

（1）沉砂池长度为：

$$L = vt = 0.15 \times 30 = 4.5 \text{ m}$$

（2）水流断面面积为：

$$A = \frac{Q_{\max}}{v} = \frac{0.01736}{0.15} = 0.12 \text{ m}^2$$

（3）沉砂池总宽度为：

$$B = nb$$

取 $n = 1$，每格宽 $b = 0.6$ m，则

$$B = nb = 1 \times 0.6 = 0.6 \text{ m}$$

（4）有效水深为：

$$h_2 = \frac{A}{B} = \frac{0.12}{0.6} = 0.2 \text{ m}$$

（5）沉砂斗容积为：

$$V = \frac{86400 Q_{\max} T X_1}{10^5 K_{\text{总}}} = \frac{86400 \times 0.01736 \times 2 \times 3}{10^5 \times 1.5} = 0.06 \text{ m}^3$$

式中　　X_1——城市污水沉砂量（$\text{m}^3 / 10^5 \text{m}^3$ 污水），取3 $\text{m}^3 / 10^5 \text{m}^3$ 污水；

T——清除沉砂的间隔时间（d），取 2 d；

$K_总$——流量变化系数，取 1.5。

（6）每个沉砂斗容积 V_0。

设有 2 个沉砂斗，则

$$V_0 = \frac{0.06}{2} = 0.03 \text{ m}^3$$

（7）沉砂斗尺寸。

沉砂斗底宽 $a_1 = 0.3$ m，斗壁与水平面的倾角为 $55°$，斗高 $h_3 = 1.2$ m，则沉砂斗上口宽为：

$$a = \frac{2 h_3}{\tan 55°} + a_1 = \frac{2 \times 1.2}{\tan 55°} + 0.3 = 1.98 \text{ m，取 } 2.0 \text{ m}$$

沉砂斗容积为：

$$V = \frac{h_3}{6}(2a^2 + 2aa_1 + 2a_1^2) = \frac{1.2}{6} \times (2 \times 2^2 + 2 \times 2.0 \times 0.3 + 2 \times 0.3^2)$$

$$= 1.876 \text{ m}^3$$

大于 $V_0 = 0.03$ m³，符合要求。

（8）沉砂室高度。

采用重力排砂，设池底坡度为 0.06，坡向沉砂斗。沉砂室由两部分组成：一部分为沉砂斗，另一部分为沉砂池坡向沉砂斗的过渡部分。沉砂室的宽度 $L = 2(L_2 + a) + 0.2$，则

$$L_2 = \frac{L - 0.2 - 2a}{2} = \frac{4.5 - 0.2 - 2 \times 1.2}{2} = 0.95 \text{ m，取 } 1.0 \text{ m}$$

沉砂室高度为：

$$h_3' = h_3 + 0.06L_2 = 1.2 + 0.06 \times 1.0 = 1.26 \text{ m，取 } 1.3 \text{ m}$$

（9）沉砂池总高度。

取超高 $h_1 = 0.3$ m，则沉砂池总高度为：

$$H = h_1 + h_2 + h_3' = 0.3 + 0.2 + 1.3 = 1.8 \text{ m，取 } 2.0 \text{ m}$$

（10）进水渐宽部分长度为：

$$L_1 = \frac{B - B_1}{2\tan 20°} = \frac{0.6 - 0.3}{2\tan 20°} = 0.41 \text{ m}$$

式中，B_1 为进水口池宽。

（11）出水渐窄部分长度为：

$$L_3 = L_1 = 0.41 \text{ m}$$

（12）校核最小流量时的流速为：

$$v_{\min} = \frac{Q_{\min}}{nA_{\min}}$$

式中　$Q_{\min}$——最小流量，采用 $0.7Q_{\max}$；

n——沉砂池格数（个），最小流量时取 1；

$A_{\min}$——最小流量时的过水断面面积（m²）。

平流式沉砂池尺寸为 $L \times B \times H = 4.5 \text{ m} \times 0.6 \text{ m} \times 2.0 \text{ m}$。

（四）水解酸化池

1. 水解酸化池的作用

水解（酸化）处理方法是一种介于好氧和厌氧处理法之间的方法，和其他工艺组合可以降低处理成本，提高处理效率。水解酸化工艺是根据产甲烷菌与水解产酸菌生长速度不同，将厌氧处理控制在反应时间较短的厌氧处理第一和第二阶段，即在大量水解细菌、酸化菌作用下将不溶性有机物水解为溶解性有机物，将难生物降解的大分子物质转化为易生物降解的小分子物质的过程，从而改善废水的可生化性，为后续处理奠定良好基础。其池子的普遍作用如下：

（1）提高废水可生化性：能将大分子有机物转化为小分子。

（2）去除废水中的 COD：既然是异养型微生物细菌，那么就必须从环境中汲取养分，所以必定有部分有机物降解合成自身细胞。

2. 水解酸化池的设计参数

（1）停留时间：一般为 6~8 h，考虑综合情况。

（2）池内上升流速：一般控制在 0.8~1.8 m/h 较合适。

3. 水解酸化池的设计计算

（1）水解池的容积为：

$$V = K_z Q \text{HRT}$$

式中　　V——水解池容积（m^3）；

$\quad\quad\quad K_z$——总变化系数，取 2.0；

$\quad\quad\quad Q$——设计流量（m^3/h）；

$\quad\quad\quad$ HRT——水力停留时间（h），取 6 h。

$$V = 2.0 \times \frac{1000}{24} \times 6 = 400 m^3$$

水解池分为 4 格，每格长为 5 m，宽为 4 m，设备中有效水深为 4.5 m，超高为 0.5 m，则每格水解池容积为 100 m^3，4 格的水解酸化池体积为 400 m^3。水解酸化池的尺寸为 $L \times B \times H = 5.0 \text{ m} \times 4.0 \text{ m} \times 5.0 \text{ m}$。

（2）水解池上升流速校核。

已知反应器高度 $H = 5$ m，反应器的高度与上升流速之间的关系如下：

$$v = \frac{Q}{A} = \frac{V}{\text{HRT}A} = \frac{H}{\text{HRT}}$$

式中　　v——上升流速（m/h）；

$\quad\quad\quad Q$——设计流量（m^3/h）；

$\quad\quad\quad V$——水解池容积（m^3）；

$\quad\quad\quad A$——反应器表面积（m^2）；

$\quad\quad\quad$ HRT——水力停留时间（h），取 8 h。

$$v = \frac{5}{8} = 0.625 \text{ m/h}$$

水解反应器的上升流速 $v=0.5\sim1.8$ m/h，符合要求。

（3）配水方式。

采用总管进水，管径为 DN100，池底分支式配水，支管为 DN50，支管上均匀排布的小孔为出水口，支管距离池底 100 mm，均匀布置在池底。

（4）日产污泥量为：

$$QY\triangle COD + Qf\triangle SS = 1000 \times 0.17 \times 0.860 \times 20\% + 1000 \times 0.3 \times 0.200 \times 20\%$$
$$= 41.24 \text{ kg/d}$$

（五）生物膜法生物池——生物接触氧化池

1. 生物接触氧化池的作用

生物接触氧化法是以附着在载体（俗称填料）上的生物膜为主，净化有机废水的一种高效水处理工艺。具有活性污泥法特点的生物膜法，兼有活性污泥法和生物膜法的优点。在可生化条件下，不论是应用于工业废水还是养殖污水、生活污水的处理，都取得了良好的经济效益。该工艺因具有高效节能、占地面积小、耐冲击负荷、运行管理方便等特点而被广泛地应用于各行各业的污水处理系统。生物处理是经过物化处理后的环节，也是整个循环流程中的重要环节。在这里，氨氮、亚硝酸、硝酸盐、硫化氢等有害物质都将得到去除，对以后流程中水质的进一步处理起到关键作用。同时该工艺具有净化效率高、处理所需时间短、对进水有机负荷的变动适应性较强、不必进行污泥回流、没有污泥膨胀问题、运行管理方便等特点。因此，本工艺选择生物接触氧化池。

2. 生物接触氧化池的设计参数

（1）生物接触氧化池的个数或分格数应不少于 2 个，并按同时工作设计。

（2）填料的体积按填料容积负荷和平均日污水量计算。填料的容积负荷一般应通过试验确定。当无试验资料时，对于生活污水或以生活污水为主的城市污水，容积负荷一般采用 1000~1500 gBOD$_5$/（m^3·d）。

（3）污水在氧化池内的有效接触时间一般为 6~8 h。

（4）填料层总高度一般为 3 m。当采用蜂窝型填料时，一般应分层装填，每层高为 1 m。

（5）蜂窝孔径应不小于 25 mm。

（6）进水 BOD$_5$ 浓度应控制在 150~350 mg/L 的范围内。

（7）接触氧化池中的溶解氧含量一般应维持在 2.5~3.5 mg/L 之间，气水比为 （15~20）∶1。

（8）为保证布水、布气均匀，每格氧化池面积一般应不大于 25 m^2。

3. 生物接触氧化池的设计及计算

（1）填料的容积为：

$$W = \frac{QS_0}{N_w} = \frac{1000 \times 300}{1.2 \times 1000} = 250 \text{ m}^3$$

式中　W——填料的总有效容积（m^3）；

　　　Q——日平均污水量（m^3/d）；

　　　S_0——原污水 BOD$_5$ 值（mg/L）；

N_W——BOD 容积负荷率 $[gBOD_5/(m^3 \cdot d)]$。

（2）接触氧化池的总面积为：

$$A = \frac{W}{H} = \frac{250}{3} = 83.3 \text{ m}^2$$

式中　　A——接触氧化池的总面积（m^2）；

H——填料层高度（m），取 3 m。

（3）接触氧化池座（格）数为：

$$n = \frac{A}{f} = \frac{83.3}{25} = 3.3 \text{ 格} \approx 4 \text{ 格}$$

式中　　n——接触氧化池座（格）数，一般 $n \geqslant 2$；

f——每座（格）接触氧化池面积（m^2），一般 $f \leqslant 25 \text{ m}^2$。

（4）污水与填料的接触时间为：

$$t = \frac{nfH}{Q} \times 24 = \frac{4 \times 25 \times 3}{1000} \times 24 = 7.2 \text{ h（符合要求）}$$

式中　　t——污水在填料层内的接触时间（h）。

⑤接触氧化池的总高度为：

$$H_0 = H + h_1 + h_2 + (m-1)h_3 + h_4$$
$$= 3 + 0.5 + 0.5 + (3-1) \times 0.2 + 1.5 = 5.9 \text{ m}$$

式中　　H_0——接触氧化池的总高度（m）；

h_1——超高（m），$h_1 = 0.5 \sim 1.0 \text{ m}$，取 0.5 m；

h_2——填料上部的稳定水层深（m），$h_2 = 0.4 \sim 0.5 \text{ m}$，取 0.5 m；

h_3——填料层间隙高度（m），$h_3 = 0.2 \sim 0.3 \text{ m}$，取 0.2 m；

m——填料层数；

h_4——配水区高度（m），当考虑需要入内检查时，$h_4 = 1.5 \text{ m}$；当不需要入内检查时，$h_4 = 0.5 \text{ m}$。

⑥接触氧化池尺寸。

1 格：长 $L = 5 \text{ m}$，宽 $B = 4.2 \text{ m}$，高 $H = 5.9 \text{ m}$。

体积：$V = LBH = 5 \times 4.2 \times 5.9 = 123.9 \text{ m}^3$

总体积：$V_总 = 4V = 4 \times 123.9 = 495.6 \text{ m}^3$

生物接触氧化池的尺寸为 $L \times B \times H = 5.0 \text{ m} \times 4.2 \text{ m} \times 5.9 \text{ m}$。

（六）二沉池——竖流式沉淀池

1. 二沉池的类型及选择

沉淀池是分离悬浮固体的一种常用构筑物。二沉池是活性污泥处理系统的重要组成部分，其作用是使泥水分离、混合液澄清，浓缩和回流活性污泥。沉淀池常按池内水流方向不同分为平流式沉淀池、竖流式沉淀池和辐流式沉淀池三种。竖流式沉淀池是池中废水竖向流动的沉淀池。池体平面图形为圆形或方形，水由设在池中心的进水管自上而下进入池内（管中流速应小于 30 mm/s），管下设伞形挡板，使废水在池中均匀分布后沿整个过水断面缓慢上升（对于生活污水，一般为 $0.5 \sim 0.7 \text{ mm/s}$，沉淀时间采用 $1 \sim$

1.5 h），悬浮物沉降进入池底锥形沉泥斗中，澄清水从池四周沿周边溢流堰流出。堰前设挡板及浮渣槽，以截留浮渣保证出水水质。池的一边靠池壁设排泥管（直径大于200 mm），靠静水压将泥定期排出。竖流式沉淀池的优点是占地面积小、排泥容易，常用于处理水量小于 20000 m^3/d 的污水处理厂。因此，该工艺选择竖流式沉淀池作为二沉池。

2. 竖流式沉淀池的设计参数

（1）污泥斗的倾角一般采用 $55°\sim60°$。

（2）为了保证水流自下而上做垂直流动，径（或正方形的一边）深比 D/h_2 不大于3。

（3）中心管内的流速不宜大于 30 mm/s。

（4）污水从喇叭口与反射板之间的间隙流出的流速不应大于 40 mm/s。

（5）为了池内水流分布均匀，池径不宜太大，一般采用 $4\sim7$ m，不大于 10 m。

3. 竖流式沉淀池的设计计算

由于没有提供试验数据，故根据竖流式沉淀池的一般规定进行设计。

（1）中心管面积与直径为：

$$f_1 = \frac{q_{max}}{v_0} = \frac{0.0175}{0.03} = 0.583 \text{ m}^2$$

$$d_0 = \sqrt{\frac{4f_1}{\pi}} = \sqrt{\frac{4 \times 0.583}{\pi}} = 0.86 \text{ m}$$

式中　　f_1——中心管截面积（m^2）；

　　　　d_0——中心管直径（m）；

　　　　q_{max}——每一个池的最大设计流量（m^3/s）；

　　　　v_0——中心管内的流速（m/s），不宜大于 0.03 m/s，故取 0.03 m/s。

采用 1 座沉淀池，则该沉淀池的中心管面积为 0.583 m^2。

（2）中心管的高度为：

$$h_2 = vt = 3600 \times 0.0007 \times 1.5 = 3.78 \text{ m}$$

式中　　h_2——有效沉淀高度（m）；

　　　　v——污水在沉淀区的上升流速（m/s），无沉淀实验资料时，一般采用 $0.0005\sim0.001$ m/s；

　　　　t——沉淀时间（h），一般采用 $1.5\sim2.0$ h（二次沉淀池）。

（3）中心管喇叭口到反射板之间的间隙高度为：

$$h_3 = \frac{q_{max}}{v_1 \pi d_1} = \frac{0.0175}{0.03 \times \pi \times 1.161} = 0.160 \text{ m}$$

式中　　h_3——间隙高度（m）；

　　　　v_1——间隙流出速度（m/s），一般不大于 0.04 m/s，取 0.03 m/s；

　　　　d_1——喇叭口直径（m），$d_1 = 1.35 d_0 = 1.35 \times 0.86 = 1.161$ m。

（4）沉淀池总面积和池径为：

$$f_2 = \frac{q_{max}}{v} = \frac{0.0175}{0.0007} = 25 \text{ m}^2$$

$$A = f_1 + f_2 = 0.583 + 25 = 25.583 \text{ m}^2 \approx 26 \text{ m}^2$$

$$D = \sqrt{\frac{4A}{\pi}} = \sqrt{\frac{4 \times 26}{\pi}} = 5.75 \text{ m，取 } 6.0 \text{ m}$$

式中　　f_2——沉淀区面积（m²）；

　　　　A——沉淀池面积（含中心管面积）（m²）；

　　　　D——沉淀池直径（m）。

（5）缓冲层高度 h_4 采用 0.3 m。

（6）污泥斗及污泥斗高度。

取 $\alpha = 60°$，截头直径为 0.4 m，则

$$h_5 = \frac{6.0 - 0.4}{2} \times \tan 60° = 4.85 \text{ m}$$

式中　　h_5——污泥斗高度（m）。

（7）沉淀池总高度为：

$$H = h_1 + h_2 + h_3 + h_4 + h_5$$
$$= 0.3 + 3.78 + 0.16 + 0.3 + 4.85 = 9.39 \text{ m，取 } 9.4 \text{ m}$$

式中　　H——池总高度（m）；

　　　　h_1—— 超高（m），一般采用 0.3 m；

　　　　h_4——一般采用 0.3 m。

（8）污泥区计算。

$$W = \frac{q_{\max} \times 24 (C_0 - C_1) 100}{\gamma (100 - p_0)} \times t$$
$$= \frac{0.0175 \times 24 \times (0.3 - 0.1) \times 100 \times 9000}{1000 \times (100 - 98)} = 37.8 \text{ m}^3/\text{d}$$

式中　　C_0，C_1——分别是进水与沉淀出水的悬浮物浓度（kg/m³），其中 $C_0 =$
　　　　　　0.3 kg/m³，$C_1 = 0.1$ kg/m³；

　　　　p_0——污泥含水率（%），查城市污水沉淀池设计数据及产生的污泥量表可
　　　　　　知，取 98%；

　　　　γ——污泥容重（kg/m³），含水率在 95% 以上时，γ 可取 1000 kg/m³；

　　　　t——两次排泥的时间间隔（h），取 2.5 h。

（9）竖流式沉淀池尺寸为 $H \times D = 9.4$ m $\times 6.0$ m。

（七）接触消毒池

1. 接触消毒池的作用及选择

在污水处理过程中，大量病原菌、病原卵及病毒都转移至污泥。在污泥处理时可能直接或间接接触人体，造成感染，故需要对污泥进行经常性或季节性的消毒。专用的污泥消毒方法有巴氏消毒法、石灰稳定法、加氯消毒法、辐射消毒法等。巴氏消毒法操作比较简单，效果好，但是成本很高；石灰稳定法 pH 调节较高，但此法消毒后的污泥因 pH 值太高不能灌溉农田，故存在一定的缺陷；加氯消毒法成本低、操作简单。因此，本工艺的消毒方法采用加氯消毒法。

2. 接触消毒池的计算设计及加氯量的计算

（1）加氯量的计算

二级处理消毒时，液氯投加量一般为 5～10 mg/L，本设计采用 8 mg/L，则每日投加量为：

$$q = \frac{\alpha q_1 Q}{1000} = \frac{1.1 \times 8 \times 1500}{1000} = 13.2 \text{ kg/d}$$

式中　　q——每日加氯量（kg/d）；

　　　　α——投加系数，取 1.1；

　　　　q_1——液氯投量（mg/L）；

　　　　Q——污水设计流量（m³/d）。

（2）加氯设备。

液氯由真空转子加氯机加入，加氯机设置 2 台（1 用 1 备），型号为 ZJ-1。

（3）平流式消毒接触池。

本设计采用 2 座 2 廊道平流式消毒接触池，单池设计计算如下：

①消毒接触池单池容积为：

$$V = Q_1 t = 0.5 \times 0.0174 \times 30 \times 60 = 15.66 \text{ m}^3$$

式中　　V——接触池单池容积（m³）；

　　　　Q_1——单池污水设计流量（m³/s）；

　　　　t——消毒池接触时间（s），本设计采用 30 min。

②消毒接触池底面积为：

$$A = \frac{V}{h_1} = \frac{15.66}{0.5} = 31.32 \text{ m}^2$$

式中　　A——消毒接触池单池底面积（m²）；

　　　　h_1——消毒接触池有效水深（m），取 0.5 m。

③消毒接触池池长为：

$$L = \frac{A}{B} = \frac{31.32}{1} = 31.32 \text{ m}$$

式中　　L——消毒接触池廊道总长（m）；

　　　　B——消毒接触池廊道单宽（m），取 1 m。

因为采用 2 廊道，则消毒接触池池长为：

$$L_0 = \frac{L}{2} = \frac{31.32}{2} = 15.66 \text{ m}$$

校核长宽比 $\frac{15.66}{1} = 15.66 > 10$，符合要求。

④池高为：

$$H = h_1 + h_2 = 0.5 + 0.5 = 1.0 \text{ m}$$

式中　　h_1——消毒接触池有效水深（m）；

　　　　h_2——超高（m），取 0.5 m。

⑤进出水管道。

每个消毒接触池的进水管管内流速设为 $v=0.24$ m/s，采用 $D_N=350$ mm 的管道，总出水管采用 $D_N=500$ mm 的管道，直接排出。

⑥混合。

采用管道混合的方式，加氯管线直接接入消毒接触池进水管，为增强混合效果，加氯点后接 $D_N=800$ mm 的静态混合器。

出水部分为：

$$H = \left(\frac{Q}{nmb\sqrt{2g}}\right)^{\frac{2}{3}} = \left(\frac{0.017}{2\times0.45\times1\times\sqrt{2\times9.8}}\right)^{\frac{2}{3}} = 0.028 \text{ m}$$

式中　Q——堰上水头（m）；

　　　n——消毒接触池个数，取 2；

　　　m——流量系数，取 0.45；

　　　b——堰宽（m），数值等于池宽，$b=1$ m。

接触消毒池尺寸为 $L_0\times B\times H=15.66$ m×1.0 m×1.0 m。

（八）污泥脱水处理设施

1. 污泥脱水处理设施的作用及类型

污泥脱水的目的在于改善污泥脱水性能，提高机械脱水效果与机械脱水设备的生产能力。本工艺采用剩余污泥池＋污泥浓缩池＋板框式压滤机来实现污泥的脱水处理，机械脱水中的压滤脱水，采用自动板框式压滤机，其具有效率高、劳动强度低等特点。污泥浓缩的主要目的是降低污泥含水率、减少污泥体积。污泥浓缩减少的是污泥所含的间隙水，同时能改变其物理状态，减少池容积和处理所需的投药量，缩小用于输送污泥的管道和泵类的尺寸，以便进一步处置利用。重力浓缩是一种重力沉降过程，属于分层沉降，依靠污泥中的固体物质的重力作用进行沉降与压密。污泥浓缩过程中顺次存在着自由沉降、絮凝沉降、区域沉降和压缩沉降等过程。重力浓缩的构筑物称为重力浓缩池，按其运转方式可以分为连续式和间歇式两种。连续式主要用于大、中型污水处理厂，连续式重力浓缩池的进泥与出水都是连续的，排泥可以是连续的，也可以是间歇的。当池子较大时采用辐流式浓缩池，当池子较小时采用竖流式浓缩池。竖流式浓缩池采用重力排泥，辐流式浓缩池多采用刮泥机排泥，有时也可以采用重力排泥，但池底应做成多斗。重力浓缩池一般采用水密性钢筋混凝土建设，设有进泥管、排泥管和上清液排出管。其平面形式有圆形和矩形两种，一般多采用圆形。

目前，用于污水处理厂污泥脱水的主流机械有带式压滤机、箱式（板框）压滤机、卧螺离心机和叠螺脱水机四种，见表 4-3。根据本项目的规模和污泥性状，并考虑到节能等因素，选用板框压滤机。

表 4－3 主流脱水机械性能比较表

脱水机名称	叠螺脱水机	带式压滤机	板框压滤机	卧螺离心机
脱水方式	游动环层叠型螺旋脱水	重力＋剪力脱水	加压脱水	离心脱水
低浓度污泥适应性	可以	不可以	不可以	不可以
污泥浓缩池	不需要	需要	需要	需要
污泥贮存池	不需要	需要	需要	需要
用电量	很小	大	中	最大
冲洗水用量	很小	非常大	小	小
运行噪声、震动	小	大	大	极大
维修管理	操作时间短、便宜	操作时间长	操作时间长	操作时间长
污泥黏性要求	低	要求高	要求低	中
絮凝剂	使用	使用	使用	使用
干泥含水率	＜80％	＞80％	≤80％	＜80％
污泥处理率	＞95％	90％～95％	85％～95％	90％～95％
无人值守管理	可以	不可以	不可以	不可以

2. 污泥脱水处理设施的设计计算

(1) 剩余污泥量。

按污泥泥龄计算：

$$X = \frac{10^6 Rr}{SVI(1+R)} = \frac{0.3 \times 1.2 \times 10^6}{100 \times (1+0.3)} = 2769.23 \text{ gMLSS/m}^3$$

$$\Delta X = \frac{V \times X}{\theta_c} = \frac{495.6 \times 2769.23}{16 \times 1000} = 85.7769 \text{ kg/d}$$

$$Q_w = \frac{100 \Delta X}{(100-P)\rho} = \frac{100 \times 85.7769}{(100-99) \times 1000}$$

$$= 8.57769 \text{ m}^3/\text{d}$$

$$\approx 8.58 \text{ m}^3/\text{d}$$

式中　　X——生物反应池内混合液悬浮固体平均浓度（gMLSS/m³）；

　　　　R——回流比，取 0.3；

　　　　r——回流污泥浓度，取 1.2；

　　　　SVI——污泥容积指数，取 100；

　　　　ΔX——剩余污泥量（kg/d）；

　　　　V——生物池容积（m³）；

　　　　θ_c——污泥龄（d）；

　　　　Q_w——剩余污泥体积量（m³/d）；

　　　　ρ——湿污泥的密度，取 1000 kg/m³；

　　　　P——湿污泥含水率，取 99％。

（2）浓缩池的面积。

①固体通量法。

进入的为混合污泥，污泥固体通量 $M=80$ kg/(m² · d)，则

$$A_1 = \frac{\Delta X}{M} = \frac{85.7769}{80} = 1.07 \ \text{m}^2$$

采用1个浓缩池。

②水力负荷法。

设水力负荷 q 为 1.5 m³/(m² · d)，则

$$A_2 = \frac{Q_w}{q} = \frac{8.58}{1.5} = 5.72 \ \text{m}^2$$

因 A_2 大于 A_1，故浓缩池表面积 A 取二者中的较大值，$A=5.72$ m²。

（3）浓缩池的直径为：

$$D = \sqrt{\frac{4A}{\pi}} = \sqrt{\frac{4 \times 5.72}{\pi}} = 2.7 \ \text{m，取 } 3.0 \ \text{m}$$

（4）浓缩池的总高度。

①取污泥浓缩时间 $t=15$ h，则污泥浓缩池的有效水深为：

$$h_2 = \frac{Q_w t}{24A} = \frac{8.58 \times 15}{24 \times 5.72} = 0.94 \ \text{m，取 } 1.0 \ \text{m}$$

式中　　Q_w——剩余污泥体积量（m³/d）；

　　　　t——浓缩时间（h）。

②泥斗的垂直高度为：

$$h_4 = (R - r) \cdot \tan\alpha = (1.5 - 0.2) \cdot \tan 60° = 2.25 \ \text{m，取 } 2.3 \ \text{m}$$

式中　　R——泥斗的上口半径，取 1.5 m；

　　　　r——泥斗的下口半径，取 0.2 m；

　　　　α——泥斗与水平夹角，取 $60°$。

设超高 $h_1=0.3$ m，缓冲层高 $h_3=0.3$ m，浓缩池的总高度为：

$$H = h_1 + h_2 + h_3 + h_4 = 0.3 + 1.0 + 0.3 + 2.3 = 3.9 \ \text{m}$$

（5）泥斗的容积为：

$$V_2 = \frac{\pi h_4}{3}(R^2 + R r_2 + r_2^2)$$

$$= \frac{\pi \times 2.3}{3} \times (1.5^2 + 1.5 \times 0.2 + 0.2^2)$$

$$= 6.24 \ \text{m}^3$$

（6）浓缩池的体积为：

$$V = A \times H = 5.72 \times 3.9 = 22.31 \ \text{m}^3$$

污泥浓缩池尺寸为 $D \times H = 3.0$ m $\times 3.9$ m。

四、平面布置及高程布置

1. 平面布置

本废水处理厂在现有的规划征地范围内，进行构（建）筑物布置。

在总体布置上，利用道路、绿化及构（建）筑物的空间，以充分满足生产功能要求为前提，配合工艺对厂内各种构（建）筑物及相关的设施进行合理组团布置。同时结合道路、环境绿化，构成花园生态型水厂的环境空间。为了使景观道路更加优美，集中在绿地上布置建筑小品，建筑造型简洁明快，大方新颖，使之具有良好的观赏效果和优美的环境。在现有场地的条件下，本废水处理厂为满足运输及消防需要，厂内道路成环形布置，为单车道，转弯半径分别为 6 m、9 m，为沥青混凝土路面，满足了全厂的建筑消防安全及物资运输要求。

在主厂区设置了 2 个出入口：主要出入口紧邻综合楼，是全厂对外联系、人员进出的主要通道；次要出入口仅供厂区生产运输之用。将全厂人流、物流分开，互不干扰，功能明确，使用方便，联系便捷。

厂区主入口面向综合楼，使综合楼活泼的体型同水景、小品等形成一个非常完整亮丽的空间，充分体现污水处理厂作为市政建筑的主要特色。

在生产区内布置有鼓风机房、变配电间、污泥脱水间、粗细格栅间等，通过道路、绿化同生产管理区及生活设施区相分隔，但建筑造型、总平面布置又共同形成一个完整优美的外部空间。

综合风向、日照、环境等多方面的因素，采用这种总平面布置，很好地解决了噪音、空气污染的问题。厂前区同生产区交通组织得当，行人和车流通畅顺捷，建筑空间协调丰富。

2. 高程布置

废水处理厂废水处理高程布置的主要任务是：确定各构筑物和泵房的高程，确定处理构筑物之间连接管（渠）的尺寸及其高程，通过计算确定各部位的水位高程，从而能够使废水沿处理流程在处理构筑物之间通畅地流动，保证废水处理厂的正常运行。

（1）废水处理厂高程布置的考虑事项。

①选择一条最长、水头损失最大的流程进行水力计算，并应适当留有余地，以保证任何情况下，处理系统都能够运行正常。

②计算水头损失时，一般以近期最大的流程作为构筑物和管渠的设计流量；计算涉及远期流量的管渠和设备时，应以远期最大流量为设计流量，并酌加扩建时的备用水头。

③在高程布置时，应注意污水流程与污泥流程的配合，尽量减少需抽升的污泥量。

（2）废水处理厂的高程布置。

为了降低运行费用和便于管理，污水在处理构筑物之间的流动按重力流考虑为宜（污泥流动不在此例）。为此，必须精确地计算污水流动中的水头损失。水头损失包括：

①污水经各处理构筑物的内部水头损失。

②污水经连接前、后两构筑物管渠的水头损失，包括沿程水头损失和局部水头

损失。

③局部水头损失按沿程水头损失的30%计。

3. 高程计算

由于各构筑物的水头损失比较多，计算起来比较烦琐，且在无具体资料的情况下，高程采用简化计算。

$$H = h_1 + h_2 + h_3$$

式中　　h_1——沿程水头损失（m），$h_1 = iL$，$i = 0.005$；

　　　　h_2——局部水头损失（m），$h_2 = 0.3 h_1$；

　　　　h_3——构筑物水头损失（m），取参考值。

4. 各构筑物水头损失

污水流经各处理构筑物的水头损失，在做初步设计时，可按表4-4所列数据估算。但应当认识到，污水流经处理构筑物的水头损失主要产生在进口和出口以及需要的跌水（多在出口处），而流经构筑物本身的水头损失则很小。

表4-4　各构筑物水头损失

构筑物名称	地面高程/m	总水头损失/m	进水高程/m	出水高程/m	池顶高程/m	池底高程/m
中格栅间	413.70	0.20	412.00	411.80	412.30	411.30
提升泵房	413.70	0.10	411.70	415.70	414.00	408.00
细格栅间	413.70	0.30	415.70	415.40	416.00	415.00
平流式沉砂池	413.70	0.10	415.40	415.30	415.60	414.80
水解酸化池	413.70	0.30	415.30	415.00	415.50	410.50
接触氧化池	413.70	0.40	415.00	414.60	415.50	409.60
竖流式二沉池	413.70	0.50	414.60	414.10	414.90	405.50
接触消毒池	413.70	0.10	414.10	414.00	414.60	413.60

五、附图

1. 某工业生产废水处理工艺方案（水解酸化＋生物接触氧化法）总平面布置图（见附图7）。

2. 某工业生产废水处理工艺方案（水解酸化＋生物接触氧化法）高程图（见附图8）。

第五章 城镇污水处理工程工艺设计案例

第一节 20000 m³/d 某城市污水处理厂工艺设计（A²/O 法）

设计者：以陈腊梅、冯婷婷为组长的设计小组

一、设计任务书

（一）设计题目

某城市污水处理厂工艺设计。

（二）设计资料

1. 水量及水质

设计水量：20000 m³/d。

该水经处理以后，水质应符合《城镇污水处理厂污染物排放标准》（GB 18918—2002）中的一级 A 标。由于进水不但含有 BOD_5，还含有大量的 N、P，所以不仅要去除 BOD_5，还应去除 N、P，以达到排放标准。设计进出水水质见表5−1。

表5−1 某城市污水处理厂（A²/O 法）工艺设计进出水水质

水质指标	COD_{Cr} /(mg/L)	BOD_5 /(mg/L)	SS /(mg/L)	NH_3-N /(mg/L)	TN /(mg/L)	TP /(mg/L)	pH	T /℃
进水水质	350	150	200	35	35	3.5	6~9	12~25
出水水质	50	20	20	5	15	0.5	6~9	12~25

2. 厂区条件

（1）地势平坦。

（2）气象条件。

经调查和咨询，该城市的气象资料见表5−2。

表 5-2 污水处理厂所处城市气象资料

年平均气温	12℃	月平均最高气温	25℃
月平均最低气温	4℃	最高气温	36℃
最低气温	−4℃~5℃	年平均降雨量	1000 mm
冰冻线深	300 mm	主风向	西南风
温度在−10℃以下天数	0 天	相对湿度	70%

（3）工程地质。

土壤：亚黏土。

地下水位：−7 m。

厂区平均高程：500 m。

（4）进水条件

来水水头：无压。

来水管底高程：490 m。

（5）排水条件。

距离厂区围墙西侧 100 m 有一条河流，河水最大流量 33 m³/s，最小流量 1.733 m³/s，最高水位 485 m（50 年一遇）。使用功能主要为一般工业用水及景观用水，属《地表水环境质量标准》（GB 3838—2002）Ⅳ类水域。

（三）设计内容

依据设计资料和设计要求，确定工艺流程，进行构筑物工艺设计计算，在此基础上进行平面及高程布置。

1. 工艺流程选择

（1）论述现有有机废水处理的流程和各处理单元的功能及相互作用关系。

（2）依据设计资料，确定设计工艺流程。

（3）计算和确定各处理单元的设计效率。

2. 构筑物工艺设计计算

（1）确定主要构筑物的形式、工艺尺寸。

（2）主要配套设备能力计算及选型。

3. 水力计算

系统水力计算（构筑物水力计算、构筑物连接管渠水力计算等）。

4. 平面及高程布置

（1）论述平面布置原则，在此基础上，依据厂区气象、工程地质、构筑物形式及相互连接等确定本设计的平面布置。

（2）论述高程布置原则，在此基础上确定本设计的高程布置。

（3）平面布置及高程布置应充分考虑工艺布置要求与工厂实际可用面积之间的关系，宜尽可能紧凑，以节约用地。

（四）设计成果

（1）设计说明书。

（2）污水处理厂平面布置及高程布置图。

（五）主要参考资料

（1）彭党聪. 水污染控制工程实践教程［M］. 北京：化学工业出版社，2004.

（2）于尔捷，张杰. 给排水工程快速设计手册［M］. 北京：中国建筑工业出版社，1996.

二、工艺流程的确定

（一）污水处理方案的选择

本项目污水处理的特点如下：

（1）污水以有机污染为主，BOD/COD＝0.43＞0.3，可生化性比较好，重金属及其他难以进行生物降解的有毒有害污染物一般不超标。

（2）污水中主要污染物指标 BOD、COD、SS 值为典型城市生活污水值。此外，考虑到 NH_3-N 出水浓度排放要求比较高，因此需要采用能够同时脱氮除磷且效果较好的工艺。

（3）本设计污水处理量较大，在达到污水处理要求的前提下，应着重考虑工程占地面积和污水处理费用的节省。

针对以上特点和出水要求，以采用生化处理最为经济。根据国内外已运行的中、小型污水处理厂的调查，要达到确定的治理目标，可采用 A^2/O 活性污泥法。具体的污水处理工艺流程如图 5-1 所示。

（二）工艺过程说明

1. 格栅

格栅由一组或数组平行的金属栅条、塑料齿钩或金属删网、框架及相关装置组成，倾斜安装在污水渠道、泵房集水井的进口处或污水处理厂的前端，用来截留污水中较粗大的漂浮物和悬浮物。因此，为了避免其中的较粗大杂质阻塞后续处理程序中的管道或泵，从而影响整个水处理工艺，应首先设置格栅除去较粗大的悬浮物和颗粒。一般情况下，分中、细两道格栅。

2. 旋流沉砂池

旋流沉砂池是利用机械力控制水流流态与流速、加速砂粒的沉淀，并使有机物随水流带走的沉砂装置。污水由流入口切线方向流入沉砂区，旋转的涡轮叶片使砂粒呈螺旋形流动，促使有机物和砂粒的分离，由于所受离心力的不同，相对密度较大的砂粒被甩向池壁，在重力作用下沉入砂斗，有机物随出水旋流带出池外。通过调整转速，可达到最佳沉砂效果。砂斗内沉砂可先采用空气提升、排砂泵排砂等方式排除，再经过砂水分离达到清洁排砂标准。

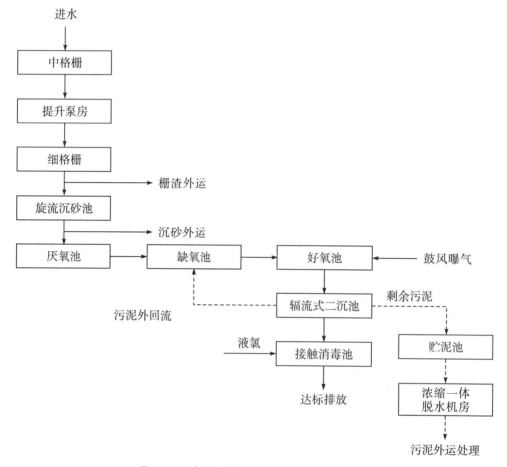

图 5-1 A²/O 活性污泥法污水处理工艺流程

3. 生物池

生物池是 A²/O 工艺的核心部分，由三个池组成，根据污水的流动方向，可将生物池细分为厌氧池、缺氧池和好氧池。

厌氧反应器：原污水与从沉淀池排出的含磷回流污泥同步进入，主要功能是释放磷，同时部分有机物进行氨化。

缺氧反应器：首要功能是脱氮，硝态氮是通过内循环由好氧反应器送来的，循环的混合液量较大，一般为 2Q（Q 为原污水流量）。

好氧反应器：曝气池，这一反应单元是多功能的，去除 BOD、硝化和吸收磷等均在此处进行。流量为 2Q 的混合液从这里回流到缺氧反应器。

4. 二沉池

二沉池是主要接纳生物池即 A²/O 反应池的出水，用以去除生物悬浮固体的沉淀池。在 A²/O 活性污泥法中，从曝气池流出的混合液在二沉池中进行泥水分离和污泥浓缩，澄清后的出水溢流外排，浓缩的活性污泥部分回流至曝气池，其余作为剩余污泥外排。

5．接触消毒池

经过处理后，污水出水水质已经达标，但是处理水中含有细菌、病毒和病卵虫等致病微生物，因此，采用液氯、臭氧或紫外线消毒将其杀灭，防止其对人类及牲畜的健康产生危害和对环境造成污染，使排水达到国家规定的细菌学指标。

6．污泥处理

污泥处理的目的是使污泥达到减量化、稳定化、无害化及综合利用。初沉池、生物池及二沉池底部的污泥通过污泥泵房被送入污泥浓缩脱水车间，进行浓缩脱水处理。将含水率降至 70％～80％后，把污泥外运至污泥填埋场进行处理。

三、构筑物设计计算

（一）格栅

1．中格栅及提升泵房

中格栅井与提升泵房合建，设计规模 20000 m^3/d。

格栅的设计草图大致如图 5-2 所示。

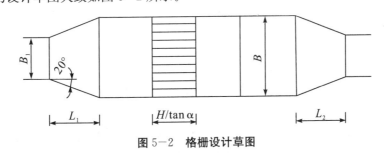

图 5-2　格栅设计草图

图中：B_1 为进水渠道宽度；B 为栅槽宽度；L_1 为进水渠道渐宽部分长度；L_2 为栅槽与出水部分连接处的渐窄部分长度。

格栅由一组平行的金属栅条或筛网制成，安装在污水渠道、泵房集水井的进口处或污水处理厂的端部，用以截留较大的悬浮物、纤维物质和固体颗粒物质，以保证后续处理单元和水泵的正常运行，减轻后续处理单元的处理负荷，防止堵塞排泥管道。

在污水处理系统前，均须设置格栅。按形状，可分为平面格栅和曲面格栅两种；按栅条净间隙，可分为粗格栅（50～100 mm）、中格栅（16～40 mm）、细格栅（3～10 mm）三种；按清渣方式，可分为人工清除格栅和机械清除格栅两种。

本设计中采用矩形断面并设置两道格栅（中格栅一道和细格栅一道），采用机械清渣。其中，中格栅设在污水提升泵房前，细格栅设在污水提升泵房后。中、细两道格栅都设置一组，即 $N=1$ 组，每组的设计流量为 0.326 m^3/s。

（1）中格栅。

中格栅用于拦截污水中的较大悬浮物，确保水泵正常运行。其设计参数包括：设计规模 $Q=20000$ m^3/d；总变化系数 $K_z=1.41$；高时流量 $Q=1175$ m^3/h；过栅流速 $v=0.9m/s$；栅条宽度 $S=10$ mm；栅条间隙 $b=25$ mm；栅前水深 $h=0.5$ m；格栅倾角 $\alpha=75°$。中格栅尺寸为 $L \times B \times H=8.5$ m $\times 2.8$ m $\times 10.1$ m。

设备选型：选用回转式中格栅除污机，设备宽度为1200 mm，过栅流速为0.8 m/s，电动机功率为2.20 kW。

根据格栅前后水位差或按时间周期自动清渣，运行方式也可就地手动控制。

（2）集水间。

集水间和机器间由隔水墙分开，只有吸水管和叶轮淹没在水中，机器间经常保持干燥，以利于对泵房的检修和保养，也可避免污水对轴承、关键、仪表的腐蚀。

集水间的容积相当于一台泵5 min的流量，$W=66$ m³。

（3）提升泵房。

根据污水高程计算的结果，泵站到细格栅之间的高程差为8 m，设泵站内的总损失为2 m，吸压水路管路的总损失为2 m，则可确定水泵的扬程 H 为：

$$H = H_{st} + \sum h = 8 + 2 + 2 = 12 \text{ m}$$

水泵提升的流量按最大时流量考虑，$Q=1175$ m³/h，按此流量和扬程来选择水泵。

泵房形式及其布置：采用半地下式矩形结构，具有占地少、结构较省的特点。水泵为单排并列式布置。

水泵的功能是将污水提升至后续处理构筑物，其设计参数包括：设计流量 $Q=20000$ m³/d；高时流量 $Q=1175$ m³/h。

设备选型：用潜水提升泵（南京蓝深）3台，2用1备，2台790 m³/h，50 kW；一台500 m³/h；扬程均为17.5 m。

在泵房上部设有1台起吊重量为1 t的电动葫芦，用于水泵安装和检修。

2. 细格栅间

细格栅的功能是截除污水中的较小漂浮物，保证后续工艺的处理。其设计参数包括：设计流量 $Q=20000$ m³/d；高时流量 $Q=1175$ m³/h；总变化系数 $K_z=1.41$；过栅流速 $v_{max}=0.8$ m/s；栅条间隙 $b=5$ mm；栅前水深 $h=0.8$ m。细格栅尺寸为 $L \times B \times H=14.14$ m×3.5 m×2.1 m。

设备选型：采用回转式细格栅，设备总宽为1100 mm，电动机功率为1.5 kW。安装一台无轴螺旋压榨机，功率为0.75 kW，长为5 m。

运行方式：根据格栅前后水位差或按时间周期自动控制清渣，也可就地手动控制清渣。

（二）旋流沉砂池

旋流沉砂池用于去除污水中的砂粒，同时使无机砂粒与有机物分离开来，便于后续生化处理。其设计参数包括：设计规模 $Q=20000$ m³/d；最低水温为12℃；高时流量 $Q=28200$ m³/d；总变化系数 $K_z=1.41$；最高时水力停留时间为49.03 s。

主要工程内容：旋流沉砂池二座，沉砂池直径为3650 mm；砂斗直径为2.13 m；驱动机构为1.5 W；桨板转速为13 r/min。每座池中间设有一台立式桨叶分离机（变频调速）和空气提砂泵。砂水混合物由提砂泵输送至砂水分离器（共1台），功率为0.37 kW，分离后的干砂外运。

运行方式：提砂泵按程序控制定时运转，砂水分离器与提砂泵同步运转。

（三）A²/O 反应池

1. 设计参数

(1) BOD_5 污泥负荷 $0.13\sim0.2$ kgBOD_5/(kgMLSS·d)；

(2) TN 负荷 <0.05 kgTN/(kgMLSS·d)，好氧阶段；

(3) TN 负荷 <0.05 kgTN/(kgMLSS·d)，厌氧阶段；

(4) 污泥浓度 $3000\sim4000$ mg/L；

(5) 污泥龄 $15\sim20$ d；

(6) 水力停留时间 $t=8\sim11$ h；

(7) 各段停留时间比 A∶A∶O=1∶1∶3；

(8) 污泥回流比 $R=50\%\sim100\%$；

(9) 混合液回流比 $R=100\%\sim300\%$；

(10) 溶解氧浓度 DO：厌氧池 <0.2 mg/L，缺氧段 <0.5 mg/L，好氧段 $=2$ mg/L；

(11) COD/TN>8（厌氧池）；

(12) TP/BOD_5<0.06（厌氧池）。

2. 污泥负荷计算

(1) BOD_5 污泥负荷 $N=0.15$ kgBOD_5/(kgMLSS·d)；

(2) 回流污泥浓度 $X_r=7000$ mg/L；

(3) 回流比 $R=100\%$；

(4) 混合液悬浮固体浓度：

$$X = \frac{R}{1+R} \cdot X_r = \frac{1}{1+1} \times 7000 = 3500 \text{ mg/L}$$

(5) 混合液回流比 $R_{内}$：

TN 去除率 $\eta_{TN} = \frac{TN_0 - TN_e}{TN_0} \times 100\% = \frac{35-15}{35} \times 100\% = 57.1\%$

混合液回流比 $R_{内} = \frac{\eta_{TN}}{1-\eta_{TN}} \times 100\% = \frac{0.571}{1-0.571} \times 100\% = 133\%$

(6) 脱氧速度：

回流污泥量 $Q_r = R \times Q = 1.00 \times 20000 = 20000$ m³/d

循环混合液量 $Q_c = R_{内} \times 20000 = 1.33 \times 20000 = 26600$ m³/d

脱氮速度 $K_d = \frac{Q_r + Q_c}{10^3} \times C_{NO_x} = \frac{20000+26600}{1000} \times 10 = 466$ kg/d

式中，$C_{NO_x} = 10$ mg/L。

3. 厌氧池

厌氧池容积按水力停留时间计算。

取水力停留时间 $t_1 = 2$ h，取安全系数 1.41，则厌氧池体积为：

$$V_1 = 1.41 \times \frac{Q}{24} \times t = 1.41 \times \frac{20000}{24} \times 2 = 2350 \text{ m}^3，取 2400 \text{ m}^3$$

$$V_1 = L \times B \times H = 20 \text{ m} \times 12 \text{ m} \times 10 \text{ m}$$

4. 缺氧池-好氧池

（1）缺氧池和好氧池的总体积为：

$$V_{AO} = \frac{Q \times S_0}{N \times X} = \frac{20000 \times 150}{0.15 \times 3500} = 5714.29 \text{ m}^3$$

（2）缺氧池和好氧池的总反应时间为：

$$t_{AO} = \frac{V_{AO}}{Q} = \frac{5714.29}{20000} \approx 0.29 \text{ d} = 6.96 \text{ h}$$

（3）各段水力停留时间和容积关系。

缺氧：好氧＝1：3

缺氧池水力停留时间为：

$$t_2 = \frac{1}{4} \times 6.96 = 1.74 \text{ h}$$

缺氧池容积为：

$$V_2 = \frac{1}{4} \times 5714.29 = 1428.57 \text{ m}^3, \text{ 取 } 1500 \text{ m}^3$$

好氧池水力停留时间为：

$$t_3 = \frac{3}{4} \times 6.96 = 5.22 \text{ h}$$

好氧池容积为：

$$V_3 = \frac{3}{4} \times 5714.29 = 4285.72 \text{ m}^3, \text{ 取 } 4500 \text{ m}^3$$

A^2/O 反应池总体积为：

$$V = V_1 + V_2 + V_3 = 2400 + 1500 + 4500 = 8400 \text{ m}^3$$

总停留时间为：

$$t = t_1 + t_2 + t_3 = 2 + 1.74 + 5.22 = 8.96 \text{ h}$$

（4）剩余污泥。

$$\Delta X = P_X + P_S$$
$$P_X = Y \times Q(S_0 - S_e) - K_d \times V \times X_V$$
$$P_S = (TSS - TSS_e)Q \times 50\%$$

取污泥增值系数 $Y = 0.60$，污泥自身氧化率 $K_d = 0.05$，$f = \dfrac{MLVSS}{MLSS} = 0.7$，将各值代入得

$$P_X = 0.6 \times 20000 \times (0.15 - 0.02) - 0.05 \times 8400 \times 3.5 \times 0.7 = 531 \text{ kg/d}$$
$$P_S = (0.2 - 0.02) \times 20000 \times 50\% = 1800 \text{ kg/d}$$
$$\Delta X = P_X + P_S = 531 + 1800 = 2331 \text{ kg/d}$$

5. 反应池主要尺寸

（1）反应池总容积为 8400 m³，设反应池 2 组，单组反应池容积为：

$$V_{单} = \frac{V}{2} = \frac{8400}{2} = 4200 \text{ m}^3$$

（2）有效水深 5 m，采用双廊道式推流式反应池，廊道宽 9 m，则单组反应池长

度为：

$$L = \frac{S_{\text{单}}}{B} = \frac{4200}{9 \times 2 \times 5} \approx 46.67 \text{ m}，取 47 \text{ m}$$

校核：$\frac{b}{h} = \frac{9}{5} = 1.8$（满足 $b/h = 1 \sim 2$）；$\frac{L}{b} = \frac{47}{9} \approx 5.22$（满足 $L/b = 5 \sim 10$）。

（3）取超高为 0.7 m，则反应池总高为：

$$H = 5.0 + 0.7 = 5.7 \text{ m}$$

（4）厌氧池尺寸长 $L_1 = \frac{2400/2}{9 \times 2 \times 5} \approx 13.3$ m，尺寸为 13.3 m×18 m×5.7 m；

（5）缺氧池尺寸长 $L_2 = \frac{1500/2}{9 \times 2 \times 5} \approx 8.4$ m，尺寸为 8.4 m×18 m×5.7 m；

（6）好氧池尺寸长 $L_3 = \frac{4500/2}{9 \times 2 \times 5} = 25$ m，尺寸为 25 m×18 m×5.7 m。

（四）二沉池（中心进水周边出水辐流式沉淀池）

二沉池是整个活性污泥法系统中非常重要的组成部分。整个系统的处理效能与二沉池的设计和运行密切相关，在功能上要同时满足澄清（固液分离）和污泥浓缩（提高回流污泥的含固率）两方面的要求，它的工作效率将直接影响系统的出水水质和回流污泥浓度。

沉淀池按池内水流方向的不同分为平流式、竖流式及辐流式三种。

辐流式沉淀池也称辐射式沉淀池，是一种大型沉淀池，池径最大可达 100 m，池周水深 1.5～3.0 m，有中心进水与周边进水两种形式。辐流式沉淀池多呈圆形，有时也采用正方形。中心进水辐流式沉淀池的进水部分在中心位置，出口在周围。水流在池中呈水平方向向四周辐射，由于过水断面面积不断增大，故池中的水流速度从池中心向池四周逐渐减慢。池斗设在池中央，池底向中心倾斜，污泥通常用刮泥机机械排除。

本设计采用中心进水周边出水辐流式沉淀池，设集水、回流污泥剩余污泥井两座，采用双层集水井形式。二沉池设出泥井，且在泥管上设阀门控制出泥量。池底部设放空管。每座沉淀池设刮吸泥机一座。各吸泥管中分别通入空气，以利于排泥。

辐流式二沉池示意图如图 5-3 所示，其中 h_1 为超高（m），取 0.3 m；h_2 为沉淀池有效水深（m）；h_3 为缓冲层高度（m）；h_4 为圆锥体部分高度（m）；h_5 为污泥斗高度（m）；I 为池底坡度；α 为泥斗壁与水平面的倾角。

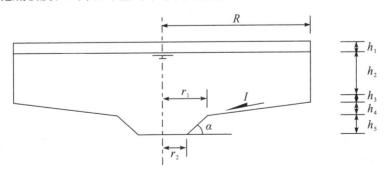

图 5-3　辐流式二沉池

1. 设计参数

设计流量：单座 $Q = 1175 \ m^3/h$，共 1 座；沉淀时间：2.5 h；表面负荷：$q = 1.5 \ m^3/(m^2 \cdot h)$；回流污泥比：50%～100%。

2. 运行方式

来自生化池的污水，由沉淀池中心进水，由周边出水槽出水。沉积在池底的污泥排至回流污泥泵房，大部分回流至生化池，剩余污泥排至贮泥池，脱水后外运填埋。

3. 主要工程内容

沉淀池直径 $D = 23 \ m$，池边水深 $H = 3.55 \ m$，钢筋混凝土结构。每座沉淀池设单管吸泥机一台。

（五）接触消毒池

在众多消毒方法中，液氯的消毒效果可靠、投配设备简单、投量准确、价格便宜，其他消毒剂如漂白粉投量不准确，溶解调制不便，臭氧投资大，成本高，设备管理复杂。因此，目前液氯仍然是消毒剂首选。本设计中选用液氯作为消毒剂。液氯消毒能产生有害物质，影响人们的身体健康，目前污水消毒要控制恰当的投剂量。接触消毒池主要用于杀死处理后污水中的病原性微生物。

1. 设计参数

设计流量：$Q = 20000 \ m^3/d$，峰值系数 $K_z = 1.41$；土建一步到位，方便今后设备扩容。

2. 加氯量

二级处理出水采用液氯消毒，液氯的投加量为 8.0 mg/L，加氯量为 225.6 kg/d。

3. 主要工程内容

矩形消毒池 2 座，每座平面尺寸为 $L \times B \times H = 29.34 \ m \times 2 \ m \times 5.5 \ m$。

4. 加氯设备

液氯由转子真空加氯机加入，加氯机设计 3 台，采用 2 用 1 备。设计中采用 LS80-3 型转子真空加氯机。投氯量为 1～5 kg/h。

（六）巴氏计量渠

巴氏计量渠主要用于出水计量。

1. 设计参数

设计流量：$Q = 20000 \ m^3/d$，1 座，本项目流量计渠一次性建成。

2. 主要工程内容

（1）土建尺寸。

流量计渠 1 座，平面尺寸为 $L \times B \times H = 12.65 \ m \times 1.05 \ m \times 3.75 \ m$。

（2）设备及仪表。

在巴氏计量槽渐缩段设超声波流量计一套。

（七）鼓风机房

鼓风机房主要为 A^2/O 池提供空气。

按照气水比 15：1 计算。

土建按 20000 m^3/d 设计，$K_z = 1.41$。供气量：293 m^3/min。主要设备：风机，6 台，4 用 2 备，$Q = 73.25\ m^3/min$，风压 $P = 58.8\ kPa$，配套电机功率为 91.64 W。

（八）污泥泵房

地下部分为钢筋混凝土结构，地上部分为砖混结构，回流污泥被泵送到 A^2/O 的厌氧池，以维持生物池内污泥浓度，完成脱氮除磷工艺。剩余污泥被泵送到污泥浓缩脱水间，经浓缩脱水后外运。主要参数如下。

1. 回流污泥

回流污泥量：1108.33 m^3/h；设备类型：污泥回流泵；数量：2 台；单泵流量：600 m^3/h；扬程：10 m。

2. 剩余污泥

剩余污泥量：2337.13 kg/d；设备类型：剩余污泥泵；数量：2 台；单泵流量：200 m^3/h；扬程：20 m。

（九）贮泥池

贮泥池主要用于储存剩余污泥及回用水。

1. 设计参数

近期剩余污泥量（合计）：21.82 m^3/h；污泥水力停留时间：4 h；贮泥池容积 $V = 21.8 \times 4 = 87.28\ m^3$。

2. 主要工程内容

贮泥池与冲洗水池合建，共一座（2 格），每座平面尺寸 $L \times B \times H = 4.5\ m \times 4.5\ m \times 4.5\ m$。贮泥池内设 2 台搅拌器，功率为 1.5 kW。

（十）污泥脱水浓缩间及加药间

1. 污泥脱水浓缩间

污泥脱水浓缩间主要用于将污水处理过程中产生的污泥进行浓缩、脱水，降低含水率，便于污泥运输和最终处置。

（1）设计参数。

剩余污泥量（合计）：21.82 m^3/h；需浓缩污泥量：55 m^3/d（99.2%）；浓缩脱水后污泥量：1.2 m^3/d，含水率 80%；絮凝剂投加量：1.6～2.7 kgPAM/(Td·s)。

（2）主要工程内容。

浓缩脱水机房平面尺寸：建筑面积 164 m^2，高度 5.8 m。

安装设备：安装带式浓缩脱水一体机 1 台，带宽为 0.75 m，处理能力为 5～10 (m^3/h)·台，近期每天工作时间 3 h，配用电机功率为 (0.37+0.75) kW。

配套辅助设备：污泥进料泵 1 台，变频调速，流量为 5～10 m^3/h，扬程为 40 m，$N = 1.5$ kW。

絮凝剂投配系统 1 套，投加量为 1.6～2.7 kg/h，$N = (0.75+1.3)$ kW。

脱水泥饼输送采用污泥泵输送，变频调速，1 台，单台参数：$Q = 1\ m^3/h$，$P = 1.2$ MPa，$N = 2.2$ kW。

配单梁悬挂起重机一台，起重量：$W = 5\ t$，$N = (1.5+2.2)$ kW。

2. 加药间

加药间与污泥浓缩脱水机房合建。近期设加药间，内设溶液池 2 座，单座有效容积：$V=0.2$ m³，配搅拌机及支架；溶解罐 2 只，单只有效容积：$V=0.75$ m³，配搅拌机及支架；加药计量泵近期 2 台（1 用 1 备），$N=1.1$ W。另设起吊设备、排风设备。

四、平面布置及高程布置

（一）平面布置

1. 平面布置原则

污水处理厂的建筑可分为两大类：生产性的处理构筑物，如泵站、鼓风机房、药剂间等；辅助性构筑物，如化验室、修理间、仓库、办公室、值班室等。在各构筑物的个数和尺寸确定以后，根据工艺流程和它们的功能要求，结合本厂的地形和地质条件进行平面布置。在平面布置时，应达到以下要求：

（1）布置应紧凑，以减少处理厂占地面积和连接管（沟道）的长度，并考虑人工操作的方便。

（2）各处理构筑物之间的连接沟管应简单、短捷，尽量避免立体交叉，并考虑施工、检修方便。

（3）在高程布置上，要充分利用地形，力求挖填土方量平衡。

（4）使处理构筑物避开劣质地基。

（5）考虑扩建的可能性，留有适当的发展余地。

（6）要考虑环境卫生及安全的需要。

2. 污水处理厂的平面布置

根据污水处理厂平面布置的原则，本设计污水处理厂的平面布置采用分区的方法，分为厂前区、水区、泥区三区。

（1）厂前区布置：设计力争创造一个舒适、安全、便利的条件，以利于工作人员的活动。设有综合楼、车库、维修车间、食堂、浴室及传达室等建筑物。

（2）前留有适当空地可作绿化用。综合楼前设喷泉一座，以美化环境，喷泉用水为循环水。大门左、右靠墙两侧设花坛。

（3）水区布置：设计采用"一"形布置，其优点是布置紧凑、分布协调、条块分明。同时对辅助构筑物的布置较为有利。

（4）泥区布置：考虑到空气污染，将泥区布置在夏季主导风向的下风向，同时远离人员集中地区。脱水机房接近厂区后门，便于污泥外运。

（二）高程布置

1. 高程布置原则

在污水处理厂内，各构筑物之间的水流一般是依靠重力流动的，前面构筑物中的水位应高于后面构筑物中的水位，两构筑物之间的水面高差即为流程中的水头损失（包括沿程损失和局部损失）；根据需要，有时要在流程中加污水提升泵站。污水处理厂的高程布置就是确定各构（建）筑物的高程（相对地面高程），使水能够顺利流过各处理构

（建）筑物。污水处理厂的高程布置需通过水力计算。

2. 高程布置方法

（1）选择两条距离较低，水头损失最大的流程进行水力计算。

（2）在进行高程计算时，以污水接纳的水体的最高水位为起算点逆污水处理流程反推计算。

（3）在进行高程布置时，还应注意污水流程与污泥流程积极配合。

3. 水力与高程计算

（1）水力计算。

污水处理厂厂区水力计算包括管道设计和相应的构筑物水头损失及管道阻力计算。

构筑物水头损失在各构筑物设计完成的基础上，根据相关的具体设计可确定相应的水头损失，也可按照有关的设计规范进行估算。本设计采用估算的方法，污水处理构筑物的水头损失选择见表5－3。

表5－3　水力及高程表

构筑物名称	流量 /(m³/d)	地面高程 /m	总水头损 失/m	进水高程 /m	出水高程 /m	池顶高程 /m	池底高程 /m
中格栅间	20000	500.00	0.20	491.10	490.90	500.50	490.40
提升泵房	20000	500.00	0.10	490.80	504.80	501.00	488.70
细格栅间	20000	500.00	0.25	504.75	504.50	505.00	502.90
旋流沉砂池	20000	500.00	0.35	504.50	504.15	504.70	499.35
配水井	20000	500.00	0.25	503.65	503.40	505.00	499.00
A^2/O 一体化生化池	20000	500.00	1.20	503.20	502.00	502.70	497.00
接触消毒池	20000	500.00	0.10	499.70	499.60	500.10	494.60

管道设计包括管材的选择、管径及流速的确定。为了便于维修，本设计除泵房内及相关压力管道选择铸铁管和气体管道选择钢管外，其他管道均采用钢筋混凝土管。

考虑到城市污水水量变化较大，各管道内的流速控制在1.3～1.5 m/s的范围，以便当水量减小时，管内流速不致过小，形成沉淀，当水量增大时，管内流速又不至于过大，增加管道水头损失，造成浪费。

在流速和管材确定后，根据各管段担负的流量确定各管段的管径、水力坡度，然后根据管段长度确定相应的沿程水头损失。

局部水头损失的计算在有关管道附件的形式确定后，按局部阻力计算公式进行，也可按沿程损失进行计算。本设计采用估算法，相应管段的局部水头损失取该管道沿程水头损失的50％。

（2）高程计算。

通过高程计算确定构筑物的水面高程，结合地面高程确定相应的构筑物埋深。此外，通过高程计算可以确定泵房水泵的扬程。

通过泵房后的构筑物高程计算方法为从受纳水体逆推计算，提升泵房前的构筑物高程计算顺推，两者的差值加上泵房集水池最高水位与最低水位的差值即为提升泵房的扬程。

五、附图

1. 城市污水处理厂工艺方案（A²/O法）总平面布置图（见附图9）。
2. 城市污水处理厂工艺方案（A²/O法）高程图（见附图10）。

第二节　20000 m³/d四川省某城镇污水处理厂工艺设计（奥贝尔氧化沟法）

设计者：以刘燕兰、范琴为组长的设计小组

一、设计任务书

（一）设计题目

四川省某城镇污水处理厂工艺设计。

（二）设计资料

1. 水量及水质

（1）设计水量：20000 m³/d。

（2）出水水质达到《城镇污水处理厂污染物排放标准》（GB 18918—2002）一级 B 标，设计进出水水质见表5-4。

表5-4　四川省某城镇污水处理厂进出水水质

水质指标	COD_{Cr} /(mg/L)	BOD_5 /(mg/L)	SS /(mg/L)	NH_3-N /(mg/L)	TN /(mg/L)	TP /(mg/L)	pH	T /℃
进水水质	350	150	200	35	40	3.5	6~9	12~25
出水水质	60	20	20	8	8	1	6~9	12~25

2. 气象及工程地质

四川省某城镇属于低山浅丘地形，整个地形南北高、东西低，常年平均气温为17.5℃，平均海拔为690 m，相对高差为150 m，呈马鞍型，辖区内海拔为765 m，镇区地质构造简单，地耐力为15~20 kPa，地震烈度为6度。

该地区属中亚热湿润季风气候区。其主要特点是：季风气候明显，冬无严寒，夏无酷暑，四季分明，秋长夏短；全年霜雪少、风速小、阴天多、日照少、气压低、湿度大；春季气温回升快，但不稳定；夏季降水集中，常有局部洪涝；秋季气温下降快，连阴雨天气偏多；冬季霜冻较少，干冬现象较为普遍。

厂址周围工程地质良好，适合于修建城市污水处理厂。

（三）设计内容

（1）工艺流程选择。

（2）构筑物工艺设计计算。

（3）水力计算。

（4）平面及高程布置。

（四）设计成果

（1）设计计算说明书。

（2）污水处理厂平面布置图。

（3）高程布置图。

（五）设计要求

（1）流程选择合理，设计参数选择正确。

（2）计算说明书条理清楚，字迹工整，计算准确，并附设计计算示意图。

（3）图纸表达准确、规范。

（六）设计期限

3 周。

（七）主要参考文献

（1）《室外排水设计规范》（GB 50014—2006）。

（3）《建筑给水排水设计规范》（GB 50015—2010）。

（3）《室外给水设计规范》（GB 50013—2006）。

（4）张自杰. 排水工程［M］. 北京：中国建筑工业出版社，2013.

（5）于尔捷，张杰. 给排水工程快速设计手册［M］. 北京：中国建筑工业出版社，1996.

二、工艺流程选择

国内外处理中小型城镇污水较成熟可靠的技术主要有氧化沟法、SBR 法、A²/O 法等工艺。

（一）氧化沟法工艺

氧化沟法是 20 世纪 50 年代初期发展起来的一种污水处理工艺形式，因其构造简单，工作稳定可靠，易于维护管理，很快得到广泛应用。到目前为止，氧化沟法已发展成为多种形式，使用较为广泛的主要有 Carrousel（卡鲁塞尔）氧化沟、交替式氧化沟、一体化氧化沟和 Orbal（奥贝尔）氧化沟。与其他生物处理工艺相比，氧化沟法有如下特点：

（1）工艺流程简单，构筑物少，运行管理方便。

（2）曝气设备和构造形式多样化，运行灵活。

（3）处理效果稳定，出水水质好，并可实现除磷脱氮。

（4）基建投资省，运行费用低。

（5）污泥产量少，污泥性质稳定。

（6）能承受水量、水质冲击负荷，对高浓度工业废水有很大的稀释能力。

（二）SBR 法工艺

SBR 法实际上是最早出现的活性污泥法，虽然早期局限于实验研究阶段，但近十年来，由于自动控制、生物选择器、机械制造等方面的技术突破才使得这一工艺真正应用于生产实践，目前该工艺的应用正在我国逐步兴起。它是一个完整的操作过程，包括进水、反应、沉淀、排水排泥和闲置 5 个阶段。SBR 法的工艺特点如下：

（1）生物反应和沉淀池在一个构筑物内完成，节省占地，土建造价低。

（2）具有完全混合式和推流式曝气池的优势，承受水量、水质冲击负荷能力强。

（3）污泥沉降性能好，不易发生污泥膨胀。

（4）对有机物和氮的去除效果好。

但传统的 SBR 法工艺除磷的效果不理想，主要表现在：对脱氮除磷处理要求而言，传统 SBR 法工艺的基本运行方式虽充分考虑了进水基质浓度及有毒有害物质对处理效果的影响而采取了灵活的进水方式，但由于这种考虑与脱氮或除磷所需要的环境条件相背，因此在实际运行中往往削弱脱氮除磷效果。就除磷而言，采用非限量或半限量曝气进水方式将影响磷的释放；对脱氮而言，则将影响硝化态氮的反硝化作用而影响脱氮效果。

（三）A^2/O 法工艺

A^2/O 法（厌氧－缺氧－好氧法）是一种常用的二级污水处理工艺，可用于二级污水处理或三级污水处理，以及中水回用，具有良好的脱氮除磷效果。该工艺是 20 世纪 70 年代由美国的一些专家在 A/O 法脱氮工艺基础上开发的，其工艺特点如下：

（1）本工艺在系统上可以称为最简单的同步除磷脱氮工艺，总的水力停留时间少于其他同类工艺。

（2）在厌氧（缺氧）、好氧交替运行的条件下，丝状菌不能大量增殖，无污泥膨胀之忧。

（3）污泥中 P 的浓度高，污泥有很好的肥效。

（4）厌氧、缺氧、好氧三种不同的环境和不同的微生物种群的有机配合，能同时去除有机物和除磷脱氮的功能。

（5）脱氮效果受回流液比大小的影响，除磷效果则受回流污泥中夹带的 DO 和硝酸态氧的影响。

同时也存在如下一些问题：

（1）除磷效果很难提高，污泥增长有一定的限度，不易提高，特别是当 P/BOD 值高时更是如此。

（2）脱氮效果也难以进一步提高，内循环量一般以 $2Q$ 为限，不宜太高。

（3）进入沉淀池的处理水要保持一定的 DO，减少停留时间，防止产生厌氧状态和污泥释放磷现象的发生；但 DO 浓度不宜太高，以防循环混合液对缺氧反应器的干扰。

污水处理工艺对比见表 5-5。

表 5-5　污水处理工艺对比

对比项目	氧化沟法	SBR 法	A²/O 法
容积负荷	高	较高	高
污泥膨胀	无	无	无
出水稳定性	好	好	好
占地面积	较小	较大	较大
投资费用	较高	高	较高
运行费用	较低	高	较低
运行管理	方便	不方便	较方便

根据以上比较，结合项目实际情况，污水处理工艺选择奥贝尔氧化沟工艺，其工艺流程如图 5-4 所示。

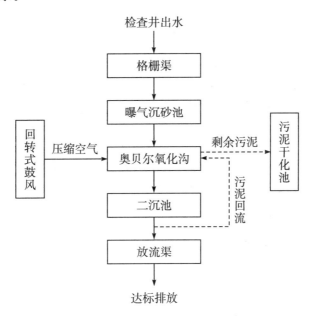

图 5-4　四川省某城镇污水处理工艺流程

三、构筑物设计及计算

（一）污水的预处理系统

1. 格栅渠

设计原理：在格栅渠内，通过中、细格栅的拦截作用去除生活污水中的大颗粒漂浮/悬浮物质，以免堵塞后续运行设备。

（1）中格栅。

①设计参数。

设计流量 $Q=20000$ m³/d，选取流量系数 $K_z=1.49$，则最大流量为：

$$Q_{max} = 1.49 \times 20000 = 29800 \text{ m}^3/\text{d} = 0.345 \text{ m}^3/\text{s}$$

②栅条的间隙数（n）。

栅前水深 $h=0.4$ m，过栅流速 $v=0.9$ m/s，格栅条间隙宽度 $b=0.025$ m，格栅倾角 $\alpha=60°$，则栅条间隙数为：

$$n = \frac{Q_{max}\sqrt{\sin\alpha}}{bhv} = \frac{0.345 \times \sqrt{\sin 60°}}{0.025 \times 0.4 \times 0.9} = 35.67，取 36$$

③栅槽宽度（B）。

栅条宽度 $S=0.01$ m，则：

$$B = S(n-1) + bn = 0.01 \times (36-1) + 0.025 \times 36 = 1.25 \text{ m}，取 1.3 \text{ m}$$

④进水渠道渐宽部分长度。

进水渠宽 $B_1=0.6$ m，其渐宽部分展开角 $\alpha_1=20°$（进水渠道前的流速为 0.77 m/s），则：

$$L_1 = \frac{B - B_1}{2\tan\alpha_1} = \frac{1.3 - 0.6}{2\tan 20°} = 0.96 \text{ m}$$

⑤栅槽与出水渠道连接处的渐窄部分长度（L_2）。

$$L_2 = \frac{L_1}{2} = \frac{0.96}{2} = 0.48 \text{ m}$$

⑥过格栅的水头损失（h_1）。

栅条断面为矩形断面，k 取 3，则：

$$h_1 = kh_0 = k\xi\frac{v^2}{2g}\sin\alpha = 3 \times 2.42 \times \left(\frac{0.01}{0.025}\right)^{\frac{4}{3}} \times \frac{0.9^2}{2 \times 9.81} \times \sin 60° = 0.077 \text{ m}$$

式中　　k——格栅受污物堵塞时水头损失的增大倍数，一般为 3；

　　　　h_0——计算水头损失（m）；

　　　　ξ——阻力系数，与栅条断面形状有关，$\xi = \beta\left(\frac{S}{b}\right)^{\frac{4}{3}}$，当为矩形断面时形状系数 $\beta=2.42$。

⑦栅后槽总高度（H）。

栅前渠道超高 $h_2=0.3$ m，则栅前槽总高度为：

$$H_1 = h + h_2 = 0.4 + 0.3 = 0.7 \text{ m}$$

栅后槽总高度为：

$$H = h + h_1 + h_2 = 0.4 + 0.077 + 0.3 = 0.777 \text{ m}，取 0.8 \text{ m}$$

⑧格栅总长度（L）。

$$L = L_1 + L_2 + 0.5 + 1.0 + \frac{H_1}{\tan\alpha}$$

$$= 0.96 + 0.48 + 0.5 + 1.0 + \frac{0.7}{\tan 60°} = 3.34 \text{ m}，取 3.4 \text{ m}$$

⑨每日栅渣量（W）。

单位栅渣量 $W_1 = 0.05\ m^3$ 栅渣$/10^3 m^3$ 污水，则：

$$W = \frac{Q_{max} \times W_1 \times 86400}{1000 \times K_z} = \frac{0.345 \times 0.05 \times 86400}{1000 \times 1.49} = 1.0\ m^3/d$$

因为 $W > 0.2\ m^3/d$，所以宜采用机械格栅清渣。

规格尺寸：$L \times B \times H = 3.4\ m \times 1.0\ m \times 0.8\ m$。

容积：$V = 2.72\ m^3$。

结构形式：钢筋混凝土。

数量：1座，含闸门等配套附件。

（2）细格栅。

①设计流量。

设计流量 $Q = 20000\ m^3/d$，选取流量系数 $K_z = 1.49$，则最大流量为：

$$Q_{max} = \frac{1.49 \times 20000}{24 \times 3600} = 0.345\ m^3/s$$

②栅条的间隙数（n）。

栅前水深 $h = 0.4\ m$，过栅流速 $v = 0.9\ m/s$，格栅条间隙宽度 $b = 0.01\ m$，格栅倾角 $\alpha = 60°$，则栅条间隙数为：

$$n = \frac{Q_{max}\sqrt{\sin\alpha}}{bhv} = \frac{0.345\sqrt{\sin 60°}}{0.01 \times 0.4 \times 0.9} = 89.18，取 90$$

设计2组格栅，每组格栅间隙数 $n_1 = 45$ 条。

③栅槽宽度（B）。

栅条宽度 $S = 0.01\ m$，则：

$$B_2 = S(n_1 - 1) + bn_1 = 0.01 \times (45 - 1) + 0.01 \times 45 = 0.89\ m$$

故总槽宽度为

$B = 0.89 \times 2 + 0.2 = 1.98\ m$（考虑中间隔墙厚 $0.2\ m$），取 $2.0\ m$。

④进水渠道渐宽部分长度。

进水渠宽 $B_1 = 0.90\ m$，其渐宽部分展开角 $\alpha_1 = 20°$（进水渠道前的流速为 $0.6\ m/s$），则：

$$L_1 = \frac{B - B_1}{2\tan\alpha_1} = \frac{2.0 - 0.90}{2\tan 20°} = 1.48\ m$$

⑤栅槽与出水渠道连接处的渐窄部分长度 L_2。

$$L_2 = \frac{L_1}{2} = \frac{1.48}{2} = 0.74\ m$$

⑥过格栅的水头损失（h_1）。

栅条断面为矩形断面，k 取3，则：

$$h_1 = kh_0 = k\varepsilon\frac{v^2}{2g}\sin\alpha = 3 \times 2.42 \times \left(\frac{0.01}{0.01}\right)^{\frac{4}{3}} \times \frac{0.9^2}{2 \times 9.81}\sin 60° = 0.26\ m$$

⑦栅后槽总高度（H）。

栅前渠道超高 $h_2 = 0.3\ m$，则栅前槽总高度为：

$$H_1 = h + h_2 = 0.4 + 0.3 = 0.7 \text{ m}$$

栅后槽总高度为：

$$H = h + h_1 + h_2 = 0.4 + 0.26 + 0.3 = 0.96 \text{ m}，取 1.0 \text{ m}$$

⑧格栅总长度（L）。

$$L = L_1 + L_2 + 0.5 + 1.0 + \frac{H_1}{\tan\alpha}$$

$$= 1.48 + 0.74 + 0.5 + 1.0 + \frac{0.7}{\tan 60°} = 4.12 \text{ m}，取 4.2 \text{ m}$$

⑨每日栅渣量（W）。

单位栅渣量 $W_1 = 0.10 \text{ m}^3$ 栅渣/10^3 m^3 污水，则：

$$W = QW_1 = \frac{Q_{max} \times W_1}{1000 \times K_z} = \frac{29800}{1.5} \times 10^{-3} \times 0.1 = 2.0 \text{ m}^3/\text{d}$$

因为 $W > 0.2 \text{ m}^3/\text{d}$，所以宜采用机械格栅清渣。

规格尺寸：$L \times B \times H = 4.2 \text{ m} \times 2.0 \text{ m} \times 1.0 \text{ m}$。

容积：$V = 8.4 \text{ m}^3$。

结构形式：钢筋混凝土。

数量：1 座，含闸门等配套附件。

2. 泵房

泵房用于提升污水，以满足污水处理流程要求，其设计参数包括：规格尺寸 $L \times B \times H = 9 \text{ m} \times 9.5 \text{ m} \times 8.5 \text{ m}$；容积 $V = 684 \text{ m}^3$；结构形式钢筋混凝土；数量 1 座，含提升泵、闸门等附件。

3. 曝气沉砂池

在曝气沉砂池一侧通入空气，使池内水流产生与主流垂直的横向旋流。控制水流速度，稳定沉砂效率，同时对污水起到预曝气作用。

（1）池子总有效容积（V）。

$$V = Q_{max} t \times 60$$

式中　　Q_{max}——最大设计流量（m^3/s），取 0.345 m^3/s；

　　　　t——最大设计流量时的水力停留时间（min），取 2 min。

$$V = 0.345 \times 2 \times 60 = 41.4 \text{ m}^3$$

（2）水流断面积（A）。

$$A = \frac{Q_{max}}{v_1}$$

式中　　v_1——最大设计流量时的水平流速，取 0.1 m/s。

$$A = \frac{0.345}{0.1} = 3.45 \text{ m}^2$$

（3）池总宽度（B）。

$$B = \frac{A}{h_2}$$

式中　　h_2——设计有效水深，取 $h_2 = 2$ m。

$$B = \frac{3.45}{2} = 1.725 \text{ m}，取 1.8 \text{ m}$$

（4）每个池子宽度（b）。

取 $n=2$ 格，则：

$$b = \frac{B}{n} = 0.868 \text{ m}，取 0.87 \text{ m}$$

池长 L 为：

$$L = \frac{V}{A} = \frac{41.4}{3.45} = 12 \text{ m}$$

（5）每小时所需空气量（q）。

$$q = dQ_{max} = 0.2 \times 0.345 \times 3600 = 248.4 \text{ m}^3/\text{h}$$

式中　　d——每立方米污水所需空气量，取 $0.2 \text{ m}^3/\text{m}^3$ 污水。

（6）沉砂室沉砂斗体积（V_1）。

设沉砂斗为沿池长方向的梯形断面渠道，沉砂斗体积为：

$$V_1 = \frac{Q_{max}TX_1 \times 86400}{K_z \times 10^5} = \frac{0.345 \times 3 \times 2 \times 86400}{1.49 \times 10^5} = 1.2 \text{ m}^3$$

式中　　X_1——城市污水沉砂量，取 $3 \text{ m}^3/10^5 \text{ m}^3$；

　　　　T——清除沉砂的时间间隔，取 2.0 d；

　　　　K_z——流量总变化系数，取 1.49。

（7）沉砂斗各部分尺寸及容积（V）。

沉砂斗底宽 $b_1 = 0.5$ m，斗高 $h_d = 0.45$ m，斗壁与水平面的倾角 $\alpha = 55°$，则沉砂斗上口宽为：

$$b_2 = \frac{2h_d}{\tan\alpha} + b_1 = \frac{2 \times 0.45}{\tan 55°} + 0.5 = 1.13 \text{ m}$$

验证沉砂斗容积为：

$$V = \frac{h_d}{6}(2b_2^2 + 2b_2b_1 + 2b_1^2) = \frac{0.45}{6} \times (2 \times 1.13^2 + 2 \times 1.13 \times 0.5 + 2 \times 0.5^2)$$

$$= 0.31 \text{ m}^3$$

V 略大于 $V_1 = 0.3 \text{ m}^3$，符合要求。

（8）沉砂池高度（H）。

采用重力排砂，设池底坡度为 0.06，则坡向沉砂斗长度为：

$$L_2 = \frac{L - 2b_2 - 0.2}{2} = \frac{12 - 2 \times 1.13 - 0.2}{2} = 4.77 \text{ m}$$

则沉泥区高度为：

$$h_3 = h_d + 0.06 \times L_2 = 0.45 + 0.06 \times 4.77 = 0.74 \text{ m}$$

（9）池总高度（H）。

设超高 $h_1 = 0.3$ m，则：

$$H = h_1 + h_2 + h_3 = 0.3 + 2 + 0.74 = 3.04 \text{ m}，取 3.1 \text{ m}$$

规格尺寸：$L \times B \times H = 12 \text{ m} \times 1.8 \text{ m} \times 3.1 \text{ m}$。

容积：$V=67.0 \text{ m}^3$。

结构形式：钢筋混凝土。

数量：2座，含鼓风机、曝气头等附件。

（二）污水的生化处理系统

1. 奥贝尔氧化沟

奥贝尔氧化沟是一种多级氧化沟，分为外沟、中沟、内沟。

（1）去除 BOD 计算。

①氧化沟出水溶解性 BOD_5 浓度（S）。

为了保证二级出水 BOD_5 浓度 $S_e \leqslant 20 \text{ mg/L}$，必须控制氧化沟出水所含溶解性 BOD_5 浓度，设进入生化池的 TSS 为 180 mg/L，$\dfrac{\text{VSS}}{\text{TSS}}=0.7$，则 $\text{VSS}=180 \times 0.7 = 126 \text{ mg/L}$。

$$S = S_e - 1.42 \times \left(\frac{\text{VSS}}{\text{TSS}}\right) \times \text{TSS} \times (1 - e^{-0.23 \times 5})$$

$$= 20 - 1.42 \times \left(\frac{126}{180}\right) \times 180 \times (1 - e^{-0.23 \times 5}) = 6.51 \text{ mg/L}$$

②好氧区容积（V_1）。设 $Y=0.5$，$\theta_c=15 \text{ d}$，$K_d=0.055$，$X_v=3000 \text{ mg/L}$，则

$$V_1 = \frac{Y \theta_c Q (S_0 - S)}{X_v (1 + K_d \theta_c)} = \frac{0.5 \times 15 \times 20000 \times (150 - 6.51)}{3000 \times (1 + 0.055 \times 15)} = 3931.23 \text{ m}^3$$

③好氧区水力停留时间（t_1）。

$$t_1 = \frac{V_1}{Q} = \frac{3931.23}{20000} = 0.197 \text{ d} = 4.73 \text{ h}$$

④剩余污泥量（ΔX）。

$$\Delta X = Q(S_0 - S) \frac{Y}{1 + K_d \theta_c} + Q(X_1 - X_e)$$

式中　　X_1——进水悬浮固体惰性部分（进水 TSS－进水 VSS）的浓度，其计算公式如下：

$$X_1 = 180 - 0.7 \times 180 = 54 \text{ mg/L} = 0.054 \text{ kg/m}^3$$

　　　　X_e——出水中 TSS 的浓度，取 0.02 kg/m^3。

$$\Delta X = 20000 \times (150 - 6.51) \times 0.001 \times \frac{0.5}{1 + 0.055 \times 15} + 20000 \times 0.001 \times (54 - 20)$$

$$= 1466.25 \text{ kg/d}$$

⑤去除每 1 kg BOD_5 产生的干污泥量为：

$$\frac{\Delta X}{Q(S_0 - S_e)} = \frac{1466.25}{20000 \times (150 - 20) \times 0.001} = 0.56 \text{ kgVSS/kgBOD}_5$$

（2）脱氮计算。

①氧化的氨氮量。

假设总氮中非氨态氮没有硝酸盐的存在形式，而是大分子中的化合态氮，其在生物氧化过程中含氮率为 12.4%，则用于生物合成的总氮为：

$$N_0 = 0.124 \times \frac{Y(S_0 - S)}{1 + K_d \theta_c} = 0.124 \times \frac{0.5 \times (150 - 6.51)}{1 + 0.055 \times 15} = 4.87 \text{ mg/L}$$

需要氧化的氨氮量为：

$$N_1 = 进水总氧量 - 出水氨氮 - 生物合成所需的氮量 N_0$$
$$= 40 - 8 - 4.87 = 27.13 \text{ mg/L}$$

②脱氮量 N_t。

$$N_t = 进水总氮量 - 出水总氮量 - 生物合成所需的氮量 N_0$$
$$= 40 - 20 - 4.87 = 15.13 \text{ mg/L}$$

③脱硝率（$q_{dn(t)}$）。

$$q_{dn(t)} = q_{dn(0)} \times 1.08^{t-20}$$

10℃时，$q_{dn} = 0.035 \times 1.08^{10-20} = 0.016 \text{ kgNO}_3 - \text{N/kgMLVSS}$

④脱氮所需的容积（V_2）。

$$V_2 = \frac{QN_t}{q_{dn}X_v} = \frac{20000 \times 15.13}{0.016 \times 3000} = 6304.17 \text{ m}^3$$

⑤停留时间（t_2）。

$$t_2 = \frac{V_2}{Q} = \frac{6304.17 \times 24}{20000} = 7.57 \text{ h}$$

（3）氧化沟总容积（V）及停留时间（t）。

$$V = V_1 + V_2 = 3931.23 + 6304.17 = 10235.4 \text{ m}^3$$
$$t_总 = t_1 + t_2 = 4.73 + 7.57 = 12.3 \text{ h}$$

校核污泥负荷为：

$$N = \frac{QS_0}{X_v V} = \frac{20000 \times 150}{1000 \times 3 \times 10235.4} = 0.098 \text{ kgBOD}_5/(\text{kgVSS} \cdot \text{d})$$

设计规程规定氧化沟污泥负荷应为 $0.05 \sim 0.1 \text{ kgBOD}_5/(\text{kgVSS} \cdot \text{d})$。

（4）需氧量计算。

氧化沟设计需氧量 AOR＝去除 BOD_5 的需氧量－剩余污泥中 BOD_5 的需氧量＋去除氨氮的需氧量－剩余污泥中氨氮的耗氧量－脱氮产氧量

①去除 BOD_5 的需氧量（D_1）。

$$D_1 = a'Q(S_0 - S) + b'VX$$

式中　　a'——微生物对有机底物氧化分解的需氧率，取 0.52；

b'——活性污泥微生物自身氧化的需氧率，取 0.12。

$D_1 = 0.52 \times 20000 \times (150 - 6.51) \times 10^{-3} + 0.12 \times 10235.4 \times 3 = 5177.04 \text{ kg/d}$

②剩余污泥中 BOD 的需氧量 D_2。

$$D_2 = 1.42 \Delta X = 1.42 \times \frac{YQ\Delta S}{1 + K_d \theta_c} = 1.42 \times \frac{0.5 \times 20000 \times (150 - 6.51)}{1 + 0.055 \times 15} \times 10^{-3}$$

$$= 1116.47 \text{ kg/d}$$

③去除氨氮的需氧量 D_3。

每硝化 1 kg 氨氮需要消耗 4.6 kg O_2，则：

$$D_3 = 4.6 \times (进水总氮量 - 出水氨氮) \times 0.001 \times Q$$

$$= 4.6 \times (40 - 8) \times 0.001 \times 20000 = 2944 \text{ kg/d}$$

④剩余污泥中氨氮的耗氧量 D_4。

$$D_4 = 4.6 \times 0.124(\text{污泥含氮率}) \times \frac{YQ\Delta S}{1 + K_d \theta_c}$$

$$D_4 = 4.6 \times 0.124 \times \frac{0.5 \times 20000 \times (150 - 6.51)}{1 + 0.055 \times 15} = 448.47 \text{ kg/d}$$

⑤脱氮产氧量 D_5。

每还原 1 kg NO_3−N 产生 2.86 kg O_2，则：

$$D_5 = 2.86 \times 15.13 \times 20000 \times 0.001 = 865.44 \text{ kg/d}$$

总需氧量 $= 5177.04 - 1116.47 + 2944 - 448.47 - 865.44 = 5690.655 \text{ kg/d}$

⑥考虑安全系数 1.2，则：

$$\text{AOR} = 1.2 \times 5690.655 = 6828.79 \text{ kg/d}$$

校核去除每 1 kg BOD_5 的需氧量 $= \dfrac{6828.79}{2000 \times (0.15 - 0.00651)} = 2.38 \text{ kgO}_2/\text{kgBOD}_5$

氧化沟设计规程规定为 1.6~2.5 $\text{kgO}_2/\text{kgBOD}_5$，因此符合要求。

标准状况下需氧量 SOR 为：

$$\text{SOR} = \frac{\text{AOR} \cdot C_{s(20)}}{\alpha(\beta \rho C_{s(T)} - C) \times 1.024^{(T-20)}}$$

式中　$C_{s(20)}$——20℃时氧的饱和度（mg/L），取 9.17 mg/L；

　　　$C_{s(T)}$——T℃时氧的饱和度（mg/L），当 $T = 25$℃时，$C_{s(25)} = 8.38$ mg/L；

　　　C——溶解氧浓度（mg/L）；

　　　α——修正系数，取 0.85；

　　　β——修正系数，取 0.95；

　　　T——进水最高温度（℃）；

　　　ρ——气压影响系数，是考虑大气压对氧传递速率影响的一个系数，其计算公式如下：

$$\rho = \frac{\text{所在地区实际气压}}{1.013 \times 10^5} = \frac{0.921 \times 10^5}{1.031 \times 10^5} = 0.909$$

⑦氧化沟采用三沟通道系统，计算溶解氧浓度 C 按照外沟、中沟、内沟分别为 0.2、1、2 mg/L，充氧量分配按照外沟：中沟：内沟 $= 65：25：10$ 来考虑，则供氧量分别为

$$\text{外沟道 } \text{AOR}_1 = 0.65 \times \text{AOR} = 0.65 \times 6828.79 = 4438.71 \text{ kg/d}$$

$$\text{中沟道 } \text{AOR}_2 = 0.25 \times \text{AOR} = 0.25 \times 6828.79 = 1707.20 \text{ kg/d}$$

$$\text{内沟道 } \text{AOR}_3 = 0.1 \times \text{AOR} = 0.1 \times 6828.79 = 682.88 \text{ kg/d}$$

⑧各沟道标准需氧量分别为：

$$\text{SOR}_1 = \frac{4438.71 \times 9.17}{0.85 \times (0.95 \times 0.909 \times 8.38 - 0.2) \times 1.024^{(25-20)}} = 6044.32 \text{ kgO}_2/\text{d}$$

$$\text{SOR}_2 = \frac{1707.20 \times 9.17}{0.85 \times (0.95 \times 0.909 \times 8.38 - 1) \times 1.024^{(25-20)}} = 2622.95 \text{ kgO}_2/\text{d}$$

$$SOR_3 = \frac{682.88 \times 9.17}{0.85 \times (0.95 \times 0.909 \times 8.38 - 2) \times 1.024^{(25-20)}} = 1249.54 \ kgO_2/d$$

⑨总标准需氧量（SOR）。

$$SOR = SOR_1 + SOR_2 + SOR_3 = 6044.32 + 2622.95 + 1249.54$$
$$= 9916.81 \ kgO_2/d = 413.20 \ kgO_2/h$$

$$校核去除每 1 \ kg \ BOD_5 的标准需氧量 = \frac{9916.81}{(150-6.51) \times 0.001 \times 20000} = 3.46$$

（5）氧化沟尺寸。

设氧化沟 2 座，则单座氧化沟容积为：

$$V = \frac{V_{总}}{2} = \frac{10235.4}{2} = 5117.7 \ m^3$$

①氧化沟弯道部分占总容积的 80%，直线部分占总容积的 20%，则：

$$V_{弯} = 0.8 \times 5117.7 = 4094.16 \ m^3$$
$$V_{直} = 0.2 \times 5117.7 = 1023.54 \ m^3$$

②氧化沟有效水深 h 取 4.5 m，超高为 0.5 m，外、中、内三沟道之间隔墙厚度为 0.25 m，则：

$$A_{弯} = \frac{V_{弯}}{h} = 909.81 \ m^2$$

$$A_{直} = \frac{V_{直}}{h} = 227.45 \ m^2$$

③直线段长度 L。取内沟、中沟、外沟宽度分别为 5 m、5 m、6 m，则：

$$L = \frac{A_{直}}{2(B_{外} + B_{中} + B_{内})} = \frac{227.45}{2 \times (6+5+5)} = 7.11 \ m$$

④中心岛半径 r。

$$A_{弯} = A_{外} + A_{中} + A_{内}$$

$$909.81 = \frac{r+5+0.25+5+0.25+6}{2} \times 2\pi \times 6 + \frac{r+5+0.25+6}{2} \times 2\pi \times 5 + \frac{r+5}{2} \times 2\pi \times 5$$

则 $r = 6.84$ m，取 6.90 m。

⑤校核各沟道的比例。

外沟道面积为：

$$A_1 = \left[6 \times 7.11 + \left(6.90 + 5 + 0.25 + 5 + 0.25 + \frac{6}{2}\right) \times 3.14 \times 6\right] \times 2 = 853.99 \ m^2$$

中沟道面积为：

$$A_2 = \left[5 \times 7.11 + \left(6.90 + 5 + 0.25 + \frac{5}{2}\right) \times 3.14 \times 5\right] \times 2 = 531.11 \ m^2$$

内沟道面积为：

$$A_3 = \left[5 \times 7.11 + \left(6.90 + \frac{5}{2}\right) \times 3.14 \times 5\right] \times 2 = 366.26 \ m^2$$

$$外沟道面积占总面积的比例 = \frac{853.99}{853.99 + 531.11 + 366.26} = 48.76\%$$

$$中沟道面积占总面积的比例=\frac{531.11}{853.99+531.11+366.26}=30.33\%$$

$$内沟道面积占总面积的比例=\frac{366.26}{853.99+531.11+366.26}=20.91\%$$

基本符合奥贝尔氧化沟各沟道容积比（一般为 50∶30∶20 左右）。

（6）进出水管及调节堰计算。

①进出水管。

污泥回流比 $R=100\%$，进出水管流量 $Q=2×10000=20000 \text{ m}^3/\text{d}=0.231 \text{ m}^3/\text{s}$，进出水管控制流速 $v\leqslant 1 \text{ m/s}$。

进出水管直径为：

$$d=\sqrt{\frac{4Q}{\pi v}}=\sqrt{\frac{4×0.231}{3.14×1}}=0.54 \text{ m，取 } 0.6 \text{ m}$$

校核进出水管流速为：

$$v=\frac{Q}{A}=\frac{0.231}{0.3^2×3.14}=0.82 \text{ m/s}\leqslant 1 \text{ m/s（满足要求）}$$

②出水堰计算。

为了能够调节曝气转碟的淹没深度，氧化沟出水处设置出水竖井，竖井内安装电动可调节堰。初步估计为 $\frac{\delta}{H}<0.67$，因此按照薄壁堰来计算。

取堰上水头高 $H=0.2 \text{ m}$，则堰宽为：

$$b=\frac{Q}{1.86H^{\frac{3}{2}}}=\frac{0.231}{1.86×0.2^{\frac{3}{2}}}=1.39 \text{ m，取 } b=1.40 \text{ m}$$

考虑可调节堰的安装要求（每边留 0.3 m），则出水竖井长度为：

$$L=0.3×2+1.40=2.0 \text{ m}$$

出水竖井宽度 B 取 1.2 m（考虑安装高度），则出水竖井平面尺寸为：

$$L×B=2.0 \text{ m}×1.2 \text{ m}$$

出水进出水孔尺寸为 $b×h=1.4 \text{ m}×0.5 \text{ m}$，正常运行时，堰顶高出孔口底边 0.1 m，调节堰上、下调节范围为 0.3 m。

出水竖井位于中心岛，曝气转碟上游。

（7）曝气设备选择。

曝气设备选用转碟式氧化沟曝气机，转碟直径 $D=1400 \text{ mm}$，单碟（ds）充氧能力为 $1.3 \text{ kgO}_2/(\text{h·ds})$，每米轴安装碟片少于 5 片。

①外沟道。

外沟道标准需氧量 $SOR_1=\frac{6044.32}{2×24}=125.923 \text{ kgO}_2/\text{h}$。

所需碟片数量 $n=\frac{SOR_1}{1.3}=\frac{125.923}{1.3}=96.86 \text{ 片，取 } 97 \text{ 片}$。

每米柱安装碟片数为 4 个。

所需曝气转碟组数 $=\frac{n}{6×4-1}=\frac{97}{23}=4.22 \text{ 组，取 } 5 \text{ 组}$。

每组转碟安装的碟片数 $=\dfrac{97}{5}=19.4$ 片。

校核每米轴安装碟片数 $=\dfrac{25-1}{6-0.25\times2}=3.45$ 片 <5 片，满足要求。

故外沟道共安装 6 组，每组上共有碟片 20 片。

校核单碟充氧能力 $=\dfrac{125.923}{20\times5}=1.26$ $kgO_2/(h\cdot ds)$ <1.3 $kgO_2/(h\cdot ds)$，满足要求。

②中沟道。

中沟道标准需氧量 $SOR_2=\dfrac{2622.95}{2\times24}=54.645$ kgO_2/h。

所需碟片数量 $n=\dfrac{SOR_2}{1.3}=\dfrac{54.645}{1.3}=42.03$ 片，取 43 片。

每米柱安装碟片数为 4 个。

所需曝气转碟组数 $=\dfrac{n}{5\times4-1}=\dfrac{43}{19}=2.21$ 组，取 3 组。

每组转碟安装的碟片数 $=\dfrac{43}{3}=14.33$ 片，取 15 片。

校核每米轴安装碟片数 $=\dfrac{15-1}{5-0.25\times2}=3.11$ 片 <5 片，满足要求。

故中沟道共安装 3 组，每组上共有碟片 15 片。

校核单碟充氧能力 $=\dfrac{54.645}{15\times3}=1.21$ $kgO_2/(h\cdot ds)$ $\leqslant1.3$ $kgO_2/(h\cdot ds)$，满足要求。

③内沟道。

内沟道标准需氧量 $SOR_3=\dfrac{1249.54}{2\times24}=26.03$ kgO_2/h。

所需碟片数量 $n=\dfrac{SOR_3}{1.3}=\dfrac{26.03}{1.3}=20.02$ 片，取 21 片。

每米柱安装碟片数为 4 个（最外侧碟片距池内壁 0.25 m）。

所需曝气转碟组数 $=\dfrac{n}{5\times4-1}=\dfrac{21}{19}=2.11$ 组，为了与中沟道匹配且便于安装，取 3 组。

每组转碟安装的碟片数 $=\dfrac{21}{3}=7$ 片，取 7 片。

校核每米轴安装碟片数 $=\dfrac{7-1}{5-0.25\times2}=1.33$ 片 <5 片，满足要求。

故内沟道共安装 3 组，每组上共有碟片 7 片。

校核单碟充氧能力 $=\dfrac{26.03}{7\times3}=1.24$ $kgO_2/(h\cdot ds)$ <1.3 $kgO_2/(h\cdot ds)$，满足要求。

根据上述计算，每座氧化沟共设 A 型（短袖）转碟碟片数：外沟 $=5\times20=100$；中沟 $=3\times15=45$；内沟 $=3\times7=21$。

2. 奥贝尔氧化沟外沟

进入外沟的污水，在缺氧的状态下运行，同时进行硝化反硝化过程，无须内循环。设计参数包括：规格尺寸 $L \times H = 6 \text{ m} \times 5 \text{ m}$；面积 $A = 853.99 \text{ m}^2$；结构形式为钢筋混凝土；数量 2 座，含曝气机、回流泵等设备。

3. 奥贝尔氧化沟中沟

中沟的溶解氧在"摆动"方式下运行。溶解氧的设计值为 1 mg/L。在每天的高峰负荷时，溶解氧降至零，而当低负荷时上升为 2 mg/L。其设计参数包括：规格尺寸 $L \times H = 5 \text{ m} \times 5 \text{ m}$；面积 $A = 531.11 \text{ m}^2$；结构形式为钢筋混凝土；数量 2 座，含曝气机、回流泵设备。

4. 奥贝尔氧化沟内沟

内沟的溶解氧设计值为 2 mg/L，以保持"最终处理"方式，使污水在进入沉淀池前能去除剩余 BOD_5 和 $NH_3 - N$。其设计参数包括：规格尺寸 $L \times H = 5 \text{ m} \times 5 \text{ m}$；面积 $A = 366.26 \text{ m}^2$；结构形式为钢筋混凝土；数量 2 座，含曝气机、回流泵等设备。

5. 辐流式沉淀池

废水自池中心进水管进入池，沿半径方向向池周缓缓流动。悬浮物在流动中沉降，并沿池底坡度进入污泥斗，澄清水从池周溢流出水渠。

（1）沉淀池部分水面面积（A）。

根据生物处理段的特性，选取二沉池表面负荷 $q = 2 \text{ m}^3/(\text{m}^2 \cdot \text{h})$，设两座沉淀池 $n = 2$，最大流量 $Q_{max} = 1250 \text{ m}^3/\text{h}$，则：

$$A = \frac{Q_{max}}{nq} = \frac{1250}{2 \times 2} = 312.5 \text{ m}^2$$

①池子直径（D）。

$$D = \sqrt{\frac{4A}{\pi}} = \sqrt{\frac{4 \times 312.5}{3.14}} = 19.95 \text{ m}，\text{取 } 20 \text{ m}$$

②校核堰口负荷（q'）。

取 $Q_0 = 625 \text{ m}^3/\text{h}$，则：

$$q' = \frac{Q_0}{3.6\pi D} = \frac{625}{3.6 \times 3.14 \times 20} = 2.76$$

③校核固体负荷（G）。

$$G = \frac{24 \times (1+R)Q_0 X}{A} = \frac{24 \times (1+0.5) \times 625 \times 2.5}{312.5} = 180$$

式中　　R——回流比，取 0.5；

　　　　X——混合液悬浮固体浓度（kg/L），取 2.5 kg/L。

④澄清区高度（h_2'）。

$$h_2' = \frac{Q_0 t}{A} = \frac{625 \times 2}{312.5} = 4$$

式中　　t——沉淀池沉淀时间（h），取 2 h。

⑤污泥区高度（h_2''）。

$$h_2'' = \frac{2T(1+R)QX}{24 \times (X + X_r)A} = \frac{2 \times 2 \times (1+0.5) \times 10000 \times 2.5}{24 \times (2.5+9) \times 312.5} = 1.74 \text{ m}$$

其中单座流量 $Q = 10000 \text{ m}^3/\text{d}$。

式中　T——污泥停留时间（h），取 2 h；

　　　X——混合液悬浮固体浓度（kg/L），取 2.5 kg/L；

　　　X_r——底流浓度（kg/L），取 9 kg/L。

⑥池边水深（h_2）。

$$h_2 = h_2' + h_2'' + 0.3 = 5.74 \text{ m}$$

⑦污泥斗高（h_4）。

设污泥斗底直径 $D_2 = 1.0$ m，上口直径为 2.0 m，斗壁与水平夹角为 $60°$，则：

$$h_4 = \left(\frac{D_2}{2} - \frac{D_1}{2}\right) \times \tan 60° = 0.86 \text{ m}$$

⑧池总高（H）。

二次沉淀池拟采用单管吸泥机排泥，池底坡底取 0.01，排泥设备中心立柱的直径为 1.5 m。池中心与池边缘落差为：

$$h_3 = \frac{20-2}{2} \times 0.01 = 0.09 \text{ m}$$

超高 $h_1 = 0.3$ m，故池总高为：

$$H = h_1 + h_2 + h_3 + h_4 = 0.3 + 5.74 + 0.09 + 0.86 = 6.99 \text{ m}$$

（2）流入槽设计。

采用环行平底槽，等距设布水孔，孔径为 50 mm，并加 100 mm 长短管。

①流入槽。

设流入槽宽 $B = 0.8$ m，槽中流速取 $v = 1.4$ m/s，回流污泥比 R 为 0.5，则槽中水深为：

$$h = \frac{Q_0(1+R)}{3600vB} = \frac{625 \times (1+0.5)}{3600 \times 1.4 \times 0.8} = 0.23 \text{ m}$$

②布水孔数 n。

布水孔平均流速为：

$$v_n = \sqrt{2t\mu}G_m$$

式中　v_n——配水孔平均流速（m/s），$0.3 \sim 0.8$ m/s；

　　　t——导流絮凝区平均停留时间（s），池周有效水深为 $2 \sim 4$ m 时，取 $360 \sim 720$ s；

　　　μ——污水的运动黏度，与水温有关；

　　　G_m——导流絮凝区的平均速度梯度（s^{-1}），一般取 $10 \sim 30$ s^{-1}。

取 $t = 650$ s，$G_m = 20$ s^{-1}，水温为 20℃时，$\mu = 1.06 \times 10^{-6}$ m^2/s，则：

$$v_n = \sqrt{2t\mu}G_m = 0.74 \text{ m/s}$$

布水孔数为：

$$n = \frac{Q_0(1+R)}{3600vS} = \frac{625 \times (1+0.5)}{3600 \times 1.4 \times 0.002} = 93$$

③孔距（l）。

$$l = \frac{\pi(D+B)}{n} = \frac{3.14 \times (20+0.8)}{93} = 0.7 \text{ m}$$

布水孔径 $d=0.05$ m，则 $S = \frac{\pi d^2}{4} = 0.002$ m^2。

④校核 G_m。

$$G_m = (\frac{v_1^2 - v_2^2}{2t\mu})^{\frac{1}{2}}$$

式中　　v_1——配水孔水流收缩断面的流速（m/s），$v_1 = \frac{v_m}{\varepsilon}$，因设有短管，取 $\varepsilon=1$；

　　　　v_2——导流絮凝区平均向下流速（m/s），$v_2 = \frac{Q}{f}$。

设导流絮凝区的宽度与配水槽同宽，则：

$$v_2 = \frac{Q_0(1+R)}{3600\pi(D+B)B} = \frac{625 \times (1+0.5)}{3600 \times 3.14 \times (20+0.8) \times 0.8} = 0.005 \text{ m/s}$$

$$G_m = (\frac{v_1^2 - v_2^2}{2t\mu})^{\frac{1}{2}} = (\frac{0.74^2 - 0.005^2}{2 \times 650 \times 1.06 \times 10^{-6}})^{\frac{1}{2}} = 20 \text{ s}^{-1}$$

G_m 在 10～30 之间，合格。

因此，规格尺寸为 $\phi 20 \times 7$；容积 $V=5000$ m^3；结构形式为钢结构；数量 22 座，含刮泥机、回流泵等设备。

（三）污水的排放系统

在放流渠内，加置紫外消毒灯管，对处理后的污水进行消毒，同时，可对生活污水处理站处理后的出水实行取样观察或检测，以方便生活污水处理站的运行管理。其设计参数包括：规格尺寸 2 m×1 m×2 m（有效）；容积 $V=4$ m^3；结构形式为地下式钢筋混凝土结构。

（四）污泥处理系统

对污泥进行存储、脱水。

1. 贮泥池

（1）贮泥池容积为：

$$V = Q_w T = 500 \times 0.5 = 250 \text{ m}^3$$

（2）贮泥池尺寸（将贮泥池设计为长方形），深为 4 m。

$$A = \frac{V}{h} = 62.5 \text{ m}^2$$

（3）贮泥池长：9.5 m；宽：6.6 m。

因此，规格尺寸为 9.5 m×6.6 m×4 m；容积 $V=250$ m^3；结构形式为钢筋混凝土；数量 1 座。

2. 污泥浓缩池

污泥浓缩池的设计参数包括：

（1）浓缩池池体计算。

污泥固体负荷：$q_s = 20\ \text{kgSS/(m}^2 \cdot \text{d)}$；污泥含水率：$P_1 = 99.2\%$；每座污泥总流量：$Q_w = 500\ \text{m}^3/\text{d}$，则每座浓缩池所需表面积：$A = \dfrac{Q_w}{q_s} = \dfrac{500}{20} = 62.5\ \text{m}^2$。

浓缩池直径 $D = \sqrt{\dfrac{4A}{\pi}} = \sqrt{\dfrac{4 \times 62.5}{3.14}} = 8.92\ \text{m}$，取 $9.0\ \text{m}$。

水力负荷 $u = \dfrac{Q_w}{2A} = \dfrac{500}{2 \times 62.5} = 4\ \text{m/d}$。

有效水深 $h_1 = uT = 4 \times 0.5 = 2\ \text{m}$。

浓缩池有效容积 $V_1 = A \times h_1 = 62.5 \times 2 = 125\ \text{m}^3$。

（2）排泥量与存泥容积。

浓缩后排出含水率 $P_2 = 96.0\%$ 的污泥，则：

$$Q'_w = \frac{100 - P_1}{100 - P_2} Q_w = \frac{100 - 99.2}{100 - 96} \times \frac{500}{24} = 4.17\ \text{m}^3/\text{h}$$

按 $2\ \text{h}$ 的贮泥时间计泥量，则贮泥区所需容积为：

$$V_2 = 2Q'_w = 2 \times 4.17 = 8.33\ \text{m}^3$$

泥斗容积为：

$$V_3 = \frac{\pi h_4}{3}(r_1^2 + r_1 r_2 + r_2^2) = \frac{3.14 \times 1.1}{3} \times (1.0^2 + 1.0 \times 0.6 + 0.6^2) = 2.3\ \text{m}^3$$

设池底坡度为 0.07，池底坡降为：

$$h_5 = \frac{0.07 \times (9 - 2)}{2} = 0.245\ \text{m}$$

故池底可贮泥容积为：

$$V_4 = \frac{\pi h_5}{3}(R_1^2 + R_1 r_1 + r_1^2) = \frac{3.14 \times 0.245}{3} \times (4.5^2 + 4.5 \times 1.0 + 1.0^2) = 6.6\ \text{m}^3$$

故总贮泥容积为：

$$V_w = V_3 + V_4 = 2.3 + 6.6 = 8.9\ \text{m}^3 \approx V_2 = 8\ \text{m}^3（\text{符合设计要求}）$$

（3）浓缩池总高度（H）。

取浓缩池的超高 h_2 为 $0.3\ \text{m}$，缓冲层高度 h_3 为 $0.3\ \text{m}$，则浓缩池的总高度为：

$$H = h_1 + h_2 + h_3 + h_4 + h_5 = 2 + 0.3 + 0.3 + 1.1 + 0.245 = 4\ \text{m}$$

（4）浓缩池排水量（Q）。

$$Q = Q_w - Q'_w = 8 - 4.17 = 3.83\ \text{m}^3/\text{h}$$

因此，规格尺寸为 $\phi 20 \times 4$；结构形式为砖混结构；容积 $V = 250\ \text{m}^3$；数量 1 座。

四、水力计算

各构筑物的水头损失估算见表 5-6。

表 5-6　构筑物水头损失及高程布置

构筑物名称	流量/(m³/d)	地面高程/m	水头损失/m	进水高程/m	出水高程/m	池顶高程/m	池底高程/m
格栅间	20000	700.00	0.20	699.00	698.80	699.40	698.60
提升泵房	20000	700.00	0.10	698.70	703.00	705.00	697.00
曝气沉砂池	20000	700.00	0.50	703.00	702.50	703.30	700.20
Orbal 氧化沟	20000	700.00	0.60	702.50	701.90	702.00	697.00
二沉池	20000	700.00	0.40	701.90	701.50	702.20	695.21
紫外消毒池	20000	700.00	0.10	701.50	701.40	701.70	698.70
污泥浓缩池	20000	700.00	—	—	—	700.30	696.30

五、平面布置及高程布置

(一) 高程布置原则

(1) 高程布置满足工艺流程要求。

(2) 利用地形特点选择高程设计,尽可能减少工程建设土方开挖量,节省工程建设投资。

(3) 按工艺流程要求,尽可能利用高差形成自流,减少污水提升量,节省运行管理成本。

(二) 高程布置

根据污水处理站现有地形,按工艺设计要求,通过综合平衡确定新建各主要构筑物高程,设计中使场地尽量保持原貌,通过适当挖填,使场地略高于城市道路,使建筑有良好的视觉形象,并为场地内雨水、污水的排放提供便利条件,室外场地的连接方式采用平坡式。具体高程布置见表 5-6。

(三) 平面布置

本着降低工程造价、降低污水处理厂占地面积的原则,在规划用地范围内进行布置,根据业主提供的厂址,用地面积约 89 亩。

污水处理厂按功能分区,有生产区(包括预处理、生化处理、污泥处理等)及辅助区(包括管理及生活用房等),用绿化带和道路分隔。根据现场实际用地条件,平面布置尽可能充分利用高程进行构(建)筑物的布置,从而节约地基处理带来的工程费用的增加。

1. 生产区布置

预处理构筑物靠近污水干管入口处,生化处理、接触消毒池等构筑物布置在厂区中部。污泥处理构筑物布置在厂区主导风向的下风向,对厂前区影响较小。

2. 辅助区布置

辅助区内布置有管理用房、生活用房、停车场等建筑物,布置在厂区上风向,紧邻规划道路，交通方便。

（四）竖向设计

处理构筑物水力流程图竖立设计从以下几个方面考虑：

（1）尽可能减少因抗浮而增加的费用，使主要构筑物底板高程合理。

（2）减少污水提升泵能耗。

（五）道路、管道布置

厂区道路：干道宽 4.0 m，人行道路宽 1.5 m。

应急及溢流：在格栅池前设有溢流管。

站内排水：厂区排水按雨污分流实施。厂区内的污水、放空管及污泥系统上清液均排入站内污水管并汇流至格栅池，再进入污水处理系统。

厂区雨水：排入站外雨水系统。

六、附图

1. 四川省某城镇污水处理厂工艺方案（奥贝尔氧化沟法）总平面布置图（见附图11）。

2. 四川省某城镇污水处理厂工艺方案（奥贝尔氧化沟法）高程图（见附图12）。

第三节　20000 m³/d 某城市生活污水处理厂工艺设计（卡鲁塞尔氧化沟法）

设计者：崔斌为组长的设计小组

一、设计任务书

（一）设计题目

某城市生活污水处理厂工艺设计。

（二）设计资料

1. 水量与水质

污水处理厂设计规模：$Q_d = 20000$ m³/d，$K_z = 1.49$；最大设计水量 $Q_{max} = 29800$ m³/d。污水处理厂设计进出水水质见表5-7。

表 5-7 某城市污水处理厂（卡鲁塞尔氧化沟法）进出水水质

水质指标	COD_{Cr} /(mg/L)	BOD_5 /(mg/L)	SS /(mg/L)	NH_3-N /(mg/L)	TN /(mg/L)	TP /(mg/L)	pH	T /℃
进水水质	350	150	200	35	40	3.5	6~9	12~25
出水水质	60	20	20	8 (15)	20	1	6~9	12~25

2. 处理要求

根据国家相关政策规定与公司要求，污水处理站出水应达到《城镇污水处理厂污染物排放标准》（GB 18918—2002）一级 B 标。

3. 厂区条件

（1）地理位置。

该城市处于东经 105.57°，北纬 33.45°，国道 319 线。

（2）地质地貌。

该城市位于四川盆地中部"南充古陆核"附近。大地构造单元在扬子准地台、四川台坳、川中台拱、武胜—威远台凸内；位于龙女寺半环状构造与威远辐射状构造间的安岳鞍坡中部、安岳至大足大向斜西段。地震一般不会出现。该城市属丘陵区，地跨沱江、涪江分水岭，地势西北向东南倾斜，中部高、两边低，一般海拔为 300~400 m，海拔最高为 551.2 m，最低为 247 m。境内丘陵起伏，沟壑纵横，间有平坝，田连阡陌。丘陵约占总面积的 81.7%，以浅丘、中丘为主，丘坡起伏度为 20~200 m，多为台阶丘、方山丘、馒头状丘；平地占 18.3%，主要由河谷坝地、丘间谷地、缓丘平地组成，主要地貌类型有河谷坝地、丘间谷地、缓丘平地、浅丘、中丘、深丘等六种。

该城市属于低山浅丘地形，整个地形南北高、东西低，平均海拔为 290 m，相对高差为 150 m，呈马鞍型，辖区内海拔最高为 365 m，镇区地质构造简单，地耐力为 15~20 kPa，地震烈度为 6 度。

（3）气象水文。

该城市境内琼江流域的三条支流流经该区境内汇合东下，集雨面积共 625 km²。该区水资源比较丰富，琼江流域该区河段自西北向东汇入重庆市潼南县，注入陪江，有 6 条干支，斗渠及排洪河道约 3 km。

琼江流域该区河段是该区境内的第二大主要河流，流入重庆市潼南县境内，全长为 8 km。该城市内地下水资源丰富，农村地下水质较好，可以饮用和适宜工农业用水。

该地区属中亚热湿润季风气候区。其主要特点是：季风气候明显，冬无严寒，夏无酷暑，四季分明，秋长夏短；全年霜雪少、风速小、阴天多、日照少、气压低、湿度大；春季气温回升快，但不稳定；夏季降水集中，常有局部洪涝；秋季气温下降快，连阴雨天气偏多；冬季霜冻较少，干冬现象较为普遍。

（三）设计内容

根据设计资料和设计要求，确定工艺流程，进行构筑物工艺设计计算，在此基础上进行平面及高程布置，具体内容如下。

1．工艺流程选择

（1）论述现有生活污水处理工艺流程和各处理单元的功能及相互作用关系。

（2）依据设计资料，确定工艺流程。

（3）计算和确定各处理单元的设计效率。

2．构筑物工艺设计计算

（1）确定主要构筑物的形式、工艺尺寸。

（2）主要配套设备的选型。

3．平面及高程布置

（1）平面布置时，应依据场区气象、工程地质、构筑物形式及相互连接等确定本设计的平面布置。

（2）平面及高程布置时，应充分考虑工艺布置要求与工厂实际可用地面积之间的关系，宜尽可能地紧凑，以节约用地。

（四）设计成果

（1）设计计算说明书。

（2）平面布置图。

（3）高程布置图。

（五）设计要求

（1）流程选择合理，设计参数选择正确。

（2）计算说明书清楚，计算准确。

（3）图纸表达准确规范。

（六）主要参考资料

（1）《室外排水设计规范》（GB 50014—2006）。

（2）《建筑给水排水设计规范》（GB 50015—2010）。

（3）《城镇污水处理厂污染物排放标准》（GB 18918—2002）。

（4）张自杰. 排水工程［M］. 北京：中国建筑工业出版社，2013.

（5）给水排水设计手册（1册、4册、5册、9册、10册）［M］. 北京：中国建筑工业出版社，1995.

二、工艺流程选择

（一）设计原则

根据以下原则选择污水处理工艺：

（1）污水水质、水量。

（2）污染物的种类及处理要求。

（3）选择流程简单、占地少、处理效果稳定、可靠的工艺。

（4）工艺控制参数易于管理，运行维护、管理方便，自动化程度高，便于科学管理。

（5）力求达到节能和污水资源化，进行回用水设计。

（6）投资节省、运行费用低，符合当地经济情况。

（二）工艺流程及说明

1．工艺流程图

某城市生活污水处理厂（卡鲁塞尔氧化沟法）工艺流程见图5—5。

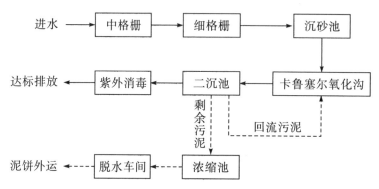

图5—5 某城市生活污水处理厂（卡鲁塞尔氧化沟法）工艺流程图

2．工艺流程说明

城市污水经城市污水管网排至中格栅，中格栅中设有机械格栅，可去除大部分大颗粒悬浮物；污水从中格栅经污水提升泵送至细格栅，细格栅中也设有机械格栅，能够去除大部分较小粒径的颗粒悬浮物；污水从细格栅出来流至沉砂池，在此构筑物中可去除大部分相对密度为2.65、粒径为0.2 mm以上的砂粒；污水流出沉砂池至主处理构筑物氧化沟，在氧化沟中通过生物处理将污水中的大部分有机污染物去除，一并起到脱氮除磷的效果；污水到达二沉池中，进行泥水分离；最后污水经过紫外消毒，达标排放。

从二沉池中分离出来的污泥，一部分作为回流污泥回流到氧化沟中，另一部分作为剩余污泥被处理掉。剩余污泥首先进入浓缩池，通过外力降低污泥中的含水率；从浓缩池出来的污泥进入到脱水车间，在脱水车间通过机械作用再脱去污泥中的部分水，并同时将污泥制作成泥饼；做成的泥饼将外运至垃圾填埋场进行填埋处置。

三、构筑物设计计算

（一）格栅池

1．功能

去除生产废水中的大部分大颗粒物质，以保证后续构筑物的正常运行。

2．设计参数

设计流量20000 m³/d，最大设计水量29800 m³/d。

3．工程内容

格栅池两座，一座中格栅池，一座细格栅池。内置机械格栅1套（中格栅间隙30 mm，细格栅间隙5 mm）。钢混全地下室。

4. 格栅池尺寸

中格栅池：3.0 m×1.40 m×0.85 m；细格栅池：3.0 m×1.40 m×0.85 m。

5. 机械格栅的选型（见表 5−8）

表 5−8 机械格栅的选型

格栅类型	型号	安装角度	电动机功率/kW	筛网运动速度/(m/min)
粗格栅	HGC500	60°~85°	0.55	2
细格栅	HGC700	60°~85°	1.1	2

6. 计算

(1) 中格栅。

① 设计参数：

设计流量 $Q = 20000$ m³/d $= 232$ L/s $= 0.232$ m³/s；格栅安装倾角 $\alpha = 60°$；过栅流速 $v = 0.9$ m/s；格栅宽度 $S = 0.015$ m；栅条间隙 $e = 30$ mm $= 0.03$ m；参数 $\beta = 2.42$；系数 $k = 3$（格栅受污物堵塞后，水头损失增大的倍数）；栅前渠道超高 $h_2 = 0.3$ m；进水渠宽 $B_1 = 0.82$ m；渐宽部分展开角 $\alpha_1 = 20°$；栅渣量 $W_1 = 0.05$ m³/10³m³。

② 中格栅设计计算：

$$K_{总} = \frac{2.7}{Q^{0.11}} = \frac{2.7}{232^{0.11}} = 1.49$$

$$Q_{max} = K_{总} \times Q = 1.49 \times 0.232 = 0.35 \text{ m}^3/\text{s}$$

$$h = \sqrt{\frac{Q_{max}}{2v}} = \sqrt{\frac{0.35}{2 \times 0.9}} = 0.45 \text{ m}$$

$$n = \frac{Q_{max}\sqrt{\sin\alpha}}{ehv} = \frac{0.35 \times \sqrt{\sin 60°}}{0.03 \times 0.45 \times 0.9} = 27$$

$B = S(n-1) + en = 0.015 \times (27-1) + 0.03 \times 27 = 1.20$ m，与细格栅一致，取 1.40 m

$$\xi = \beta\left(\frac{S}{e}\right)^{\frac{4}{3}} = 2.42 \times \left(\frac{0.015}{0.03}\right)^{\frac{4}{3}} = 0.96$$

$$h_0 = \xi\frac{v^2}{2g}\sin\alpha = 0.96 \times \frac{0.9^2}{2 \times 9.81}\sin 60° = 0.034 \text{ m}$$

$$h_1 = kh_0 = 3 \times 0.304 = 0.102 \text{ m}$$

$$H = h + h_1 + h_2 = 0.45 + 0.102 + 0.3 = 0.852 \text{ m}, \text{取 } 0.85 \text{ m}$$

此高度为绝对有效高度，暂不考虑进水高程。

$$l_1 = \frac{B - B_1}{2\tan 20°} = \frac{1.20 - 0.82}{2\tan 20°} = 0.52 \text{ m}$$

$$l_2 = \frac{l_1}{2} = \frac{0.52}{2} = 0.26 \text{ m}$$

$$H_1 = h + h_2 = 0.45 + 0.3 = 0.75 \text{ m}$$

$$L = l_1 + l_2 + 1.0 + 0.5 + \frac{H_1}{\tan\alpha} = 0.52 + 0.26 + 1.0 + 0.5 + \frac{0.75}{\tan 60°} = 2.71 \text{ m}, \text{取 } 3.0 \text{ m}$$

$$W = \frac{Q_{max}W_1 \times 86400}{K_{总} \times 1000} = \frac{0.35 \times 0.05 \times 86400}{1.49 \times 1000} = 1.02 \text{ m}^3/\text{d}$$

式中 $K_{总}$——生活污水流量总变化系数；

         Q_{max}——最大设计污水量（m³/s）；

         H——栅前水深（m）；

         n——格栅间隙数；

         B——栅槽宽度（m）；

         ξ——阻力系数；

         h_0——计算水头损失（m）；

         h_1——过栅水头损失（m）；

         H——栅前总高度（m）；

         L_1——进水渠道渐宽部分长度（m）；

         L_2——栅槽与出水渠连接渠的减缩长度（m）；

         H_1——栅前槽高（m）；

         W——每日栅渣量（m³/d）。

（2）细格栅。

①设计参数：

设计流量 $Q=20000$ m³/d $=232$ L/s $=0.232$ m³/s；过栅流速 $v=1$ m/s；格栅安装倾角 $\alpha=60°$；格栅宽度 $S=0.003$ m；栅条间隙 $e=5$ mm；参数 $\beta=2.42$；系数 $k=3$（格栅受污物堵塞后，水头损失增大的倍数）；栅前渠道超高 $h_2=0.3$ m；进水渠宽 $B_1=0.82$ m；渐宽部分展开角 $\alpha_1=20°$；栅渣量 $W_1=0.07$ m³/10³m³。

②细格栅设计计算：

$$K_{总} = \frac{2.7}{Q^{0.11}} = \frac{2.7}{232^{0.11}} = 1.49$$

$$Q_{max} = K_{总} \times Q = 1.49 \times 0.232 = 0.35 \text{ m}^3/\text{s}$$

$$h = \sqrt{\frac{Q_{max}}{2v}} = \sqrt{\frac{0.35}{2 \times 1}} = 0.42 \text{ m}$$

$$n = \frac{Q_{max}\sqrt{\sin\alpha}}{ehv} = \frac{0.35 \times \sqrt{\sin 60°}}{0.005 \times 0.42 \times 0.9} = 172$$

$$B = S(n-1) + en = 0.003 \times (172-1) + 0.005 \times 172 = 1.37 \text{ m}$$

$$\zeta = \beta\left(\frac{S}{e}\right)^{\frac{4}{3}} = 2.42 \times \left(\frac{0.003}{0.005}\right)^{\frac{4}{3}} = 1.22$$

$$h_0 = \xi\frac{v^2}{2g}\sin\alpha = 1.22 \times \frac{0.9^2}{2 \times 9.81} \times \sin 60° = 0.044 \text{ m}$$

$$h_1 = kh_0 = 3 \times 0.044 = 0.13 \text{ m}$$

$$H = h + h_1 + h_2 = 0.42 + 0.13 + 0.3 = 0.85 \text{ m}$$

此高度为绝对有效高度，暂不考虑进水高程。

$$l_1 = \frac{B - B_1}{2\tan 20°} = \frac{1.37 - 0.82}{2\tan 20°} = 0.76 \text{ m}$$

$$l_2 = \frac{l_1}{2} = \frac{0.76}{2} = 0.38 \text{ m}$$

$$H_1 = h + h_2 = 0.42 + 0.3 = 0.72 \text{ m}$$

$$L = l_1 + l_2 + 1.0 + 0.5 + \frac{H_1}{\tan\alpha} = 0.68 + 0.38 + 1.0 + 0.5 + \frac{0.72}{\tan 60°}$$

$$= 2.98 \text{ m,取 } 3.0 \text{ m}$$

$$W = \frac{Q_{max} W_1 \times 86400}{K_{总} \times 1000} = \frac{0.35 \times 0.07 \times 86400}{1.49 \times 1000} = 1.43 \text{ m}^3/\text{d}$$

（二）污水提升泵房

1. 泵的选择

本设计选用 4 台泵（2 用 2 备，8 小时交替使用）。

2. 泵的选型参数

水泵设计流量 $Q_{max} = 29800 \text{ m}^3/\text{d}$，每台泵设计流量 $Q = 14900 \text{ m}^3/\text{d}$。

3. 泵的选型

型号：QW200−650−15−37；流量：650 m³/h；扬程：15 m；功率：37 kW。

4. 集水池

集水池与泵房共建；集水池最小容积为 62.1 m³，取有效水深为 2.5m，最小面积为 24.84 m²。

（三）钟式沉砂池

1. 功能

去除比重较大的无机颗粒。

2. 设计参数

最大设计流量为 29800 m³/d。

3. 钟式沉砂池尺寸

钟式沉砂池为定型设备，根据水量，本设计采用两座 200 型号的钟式沉砂池，其具体参数见表 5−9。

表 5−9　钟式沉砂池尺寸

型号	流量/(L/s)	A	B	C	D	E	F	G	H	J	K	L
200	280	2.43	1.0	0.45	0.90	0.30	1.35	0.40	0.30	0.40	0.80	1.15

（四）卡鲁塞尔氧化沟

1. 功能

去除污水中大部分有机污染物，以及脱氮除磷。

2. 设计参数

设计流量 20000 m³/d；取池深 3.5 m，宽 7 m。

3. 工程内容

氧化沟采取 4 廊道式卡鲁塞尔氧化沟。

4. 氧化沟尺寸

氧化沟总长 340.54 m，其中，好氧段长度 235.54 m，缺氧段长度 107 m，弯道处长度 66 m，单个直道长 69 m，氧化沟总池长 90 m；总池宽 28 m（未计池壁厚）。

5. 表面机械曝气器的选型

2 座氧化沟设置 6 台曝气器。选用 DS300 型倒伞型表面曝气机性能，其具体参数见表 5—10。

表 5—10　倒伞型表面曝气机性能表

型号	叶轮转速/(r/min)	电动机功率/kW	充氧量/(kg/h)
DS300	3000	45	16～18

6. 计算

(1) 碱度平衡计算。

①设计出水 BOD_5 的浓度为 20 mg/L，则处理水中非溶解性 BOD_5 值可用以下公式计算，此公式仅适用于氧化沟。

$$BOD_{5f} = 0.7 \times C_e \times 1.42(1 - e^{-0.23 \times 5}) = 0.7 \times 20 \times 1.42 \times (1 - e^{-0.23 \times 5}) = 13.6 \text{ mg/L}$$

式中　　C_e——出水中 BOD_5 的浓度（mg/L）。

因此，处理水中溶解性 BOD_5 为 $20 - 13.6 = 6.4$ mg/L。

②日产泥量。

$$\frac{aQL_r}{1 + bt_m} = \frac{0.6 \times 20000 \times (150 - 6.4)}{1000 \times (1 + 0.05 \times 18)} = 907 \text{ kg/d}$$

式中　　Q——设计流量（m^3/d）；

L_r——（$L_0 - L_e$）去除的 BOD_5 浓度（mg/L）；

a——污泥增长系数，一般为 0.5～0.7，此处取 0.6；

b——污泥自身氧化率，一般为 0.04～0.1，此处取 0.05；

t_m——污泥龄（d），此处取 18 d；

L_0——进水 BOD_5 浓度（mg/L）；

L_e——出水溶解性 BOD_5 浓度（mg/L）。

③一般情况下，其中有 12.4% 为氮，近似等于总凯氏氮（TKN）中用于合成部分为 $0.124 \times 907 = 112.47$ kg/d，即 TKN 中有 $\frac{112.47 \times 1000}{20000} = 5.6$ mg/L 用于合成，需用于氧化的 $NH_3-N = 35 - 5.6 - 8 = 21.4$ mg/L，需用于还原的 $NO_3-N = 21.4$ mg/L。

④一般去除 BOD_5 所产生的碱度（以 $CaCO_3$ 计）约为 1 mg 碱度/去除 1 mg BOD_5，进水中碱度为 150 mg/L。所需碱度一般为 7.1 mg 碱度/mg NH_3-N 氧化，还原为硝酸盐；氮所产生碱度 3.0 mg 碱度/mg NO_3-N 还原。

剩余碱度 $= 150 - 7.1 \times 21.4 + 3.0 \times 21.4 + 0.1 \times (150 - 6.4) = 205.96$ mg/L

(2) 硝化区容积计算。

硝化速率：$\mu_n = 0.47e^{0.098(T-15)}\left(\dfrac{N}{N + 10^{0.05T - 1.158}}\right)\left(\dfrac{DO}{K_{O_2} + DO}\right)$

$$=0.47e^{0.098(12-15)} \times \left(\frac{8}{8+10^{0.05 \times 12 - 1.158}} \right) \times \left(\frac{2}{1.3+2} \right)$$

$$=0.205 \text{ d}^{-1}$$

式中　　μ_n——硝化菌的生长率（d^{-1}）；

　　　　N——出水中 NH_3-N 的浓度（mg/L）；

　　　　T——温度（取最不利温度12℃）；

　　　　K_{O_2}——氧的半速常数（mg/L），取 1.3 mg/L；

　　　　DO——氧化沟中溶解氧浓度（mg/L），取 2.0 mg/L。

故泥龄为：

$$t_w = \frac{1}{\mu_n} = \frac{1}{0.205} = 4.9 \text{ d}$$

采用安全系数为 3.5，故设计污泥龄为 3.5×4.9＝17.15 d。

原假定污泥龄为 18 d，则硝化速率为 $\mu_n = \frac{1}{18} = 0.056 \text{ d}^{-1}$。

单位基质利用率为：

$$\mu = \frac{\mu_n + b}{a} = \frac{0.056 + 0.05}{0.6} = 0.177 \text{ kgBOD}_5/(\text{kgMLVSS} \cdot \text{d})$$

式中　　μ_n——硝化菌的生长率（d^{-1}）；

　　　　a——污泥增长系数，一般为 0.5～0.7，此处取 0.6；

　　　　b——污泥自身氧化率，一般为 0.04～0.1，此处取 0.05。

活性污泥浓度 MLSS 一般为 2000～4000 mg/L（也可高达 6000 mg/L），这里取 MLSS＝4000 mg/L。在一般情况下，MLVSS（混合液可挥发性悬浮固体浓度）与 MLSS 的比值是比较固定的，在 0.75 左右，这里取 0.7。

故 MLVSS＝0.7×4000＝2800 mg/L；所需 MLVSS 总量 $= \frac{(150-6.4) \times 20000}{0.177 \times 1000} =$ 16226 kg；硝化容积 $V_n = \frac{16226}{2800} \times 1000 = 5795 \text{ m}^3$；水力停留时间 $t_n = \frac{5795}{20000} \times 24 = $ 6.96 h。

（3）反硝化区容积。

12℃时，反硝化速率设为 0.06 mg NO_3-N/(mg MLVSS·d)；还原 NO_3-N 的总量 $= \frac{21.4}{1000} \times 20000 = 428$ kg；脱氮所需 MLVSS $= \frac{428}{0.06} = 7133.33$ kg；脱氮所需池容 $V_{dn} = \frac{7133.33}{2.8} = 2548 \text{ m}^3$；水力停留时间 $t_{dn} = \frac{2548}{20000} \times 24 = 3.06$ h。

（4）氧化沟总容积。

总水力停留时间 $t = t_n + t_{dn} = 6.96 + 3.06 = 10.02$ h，符合水力停留时间 10～24 h 之间。

总容积：$V = V_n + V_{dn} = 5795 + 2548 = 8343 \text{ m}^3$

（5）氧化沟的尺寸

氧化沟采取 4 廊道式卡鲁塞尔氧化沟，取池深 3.5 m，宽 7 m，则氧化沟总长为：

$$L = \frac{8343}{3.5 \times 7} = 340.53 \text{ m}$$

其中好氧段长度：$\frac{5795}{3.5 \times 7} = 235.53$ m；

缺氧段长度：$\frac{2548}{3.5 \times 7} = 107$ m；

弯道处长度：$3 \times \frac{\pi \times 7}{2} + \frac{\pi \times 21}{2} = 21\pi = 66$ m；

则单个直道长：$\frac{340.53 - 66}{4} = 69$ m。

故氧化沟总池长 $= 69 + 7 + 14 = 90$ m，总池宽 $= 7 \times 4 = 28$ m（未计池壁厚）。

（6）需氧量计算。

采用如下经验公式计算：

$$\begin{aligned}
O_2 &= A \times L_r + B \times \text{MLSS} + 4.6 \times N_r - 2.6 \times NO_3 \\
&= 0.5 \times 20000 \times (0.15 - 0.0064) + 0.1 \times 5795 \times 4 + 4.6 \times 428 - 2.6 \times 428 \\
&= 4610 \text{ kg/d} = 192 \text{ kg/h}
\end{aligned}$$

式中　A——经验系数，取 0.5；

　　　　L_r——去除的 BOD_5 浓度（mg/L）；

　　　　B——经验系数，取 0.1；

　　　　MLSS——混合液悬浮固体浓度（mg/L）；

　　　　N_r——需要硝化的氧量，取 428 kg/d。

其中，第 1 项为合成污泥需氧量，第 2 项为活性污泥内源呼吸需氧量，第 3 项为硝化污泥需氧量，第 4 项为反硝化污泥需氧量。

20℃时脱氮的充氧量为：

$$\begin{aligned}
R_0 &= \frac{RC_{S(20)}}{\alpha(\beta\rho C_{S(T)} - C) \times 1.024^{T-20}} \\
&= \frac{192.1 \times 9.17}{0.8 \times (0.9 \times 1 \times 7.63 - 2) \times 1.024^{30-20}} = 356.6 \text{ kg/h}
\end{aligned}$$

式中　α——经验系数，取 0.8；

　　　　β——经验系数，取 0.9；

　　　　ρ——气压影响系数，取 1.0；

　　　　$C_{S(20)}$——20℃时水中溶解氧饱和度（mg/L），取 9.17 mg/L；

　　　　$C_{S(30)}$——30℃时水中溶解氧饱和度（mg/L），取 7.63 mg/L；

　　　　C——混合液中溶解氧浓度（mg/L），取 2 mg/L；

　　　　T——温度（℃），取 30℃。

（7）回流污泥量。

活性污泥的计算是以固体总量为基础的。

$$QX_0 + Q_R X_R = (Q + Q_R)X$$

$$20000 \times 150 + 9000Q_R = (20000 + Q_R) \times 4000$$

式中　Q——污水厂设计流量（m^3/d）；

Q_R——回流污泥量（m^3/d）；

X_0——进水中 SS 浓度（mg/L），取厌氧池出水浓度 150 mg/L；

X_R——回流污泥中 SS 浓度（mg/L），取 9000 mg/L；

X——氧化沟中活性污泥 SS 浓度（mg/L），取 4000 mg/L。

考虑到回流至厌氧池的污泥回流液浓度 $X_R = 10$ g/L，则回流比为：

$$R = \frac{X}{X_R - X} \times 100 = \frac{4}{10 - 4} = 0.67$$

式中　X——氧化沟中混合液污泥浓度（mg/L）；

X_R——二沉池回流污泥浓度（mg/L）。

回流污泥量为：

$$Q_R = RQ = 0.67 \times 20000 = 13400 \text{ m}^3/\text{d}$$

（8）剩余污泥量。

$$Q_W = \frac{日产泥量}{f} + 进水 SS \times \frac{Q_{max}}{1000}$$

$$= \frac{907}{0.7} + 200 \times \frac{0.49 \times 20000}{1000}$$

$$= 3256 \text{ kg/d}$$

若由池底排除，二沉池排泥浓度为 10 g/L，则氧化沟产泥量为：

$$\frac{3256}{10} = 325.6 \text{ m}^3/\text{d}$$

（五）辐流式二沉池

1. 功能

进行泥水分离。

2. 设计参数

根据《排水工程》中的规定，计算二沉池面积时，设计流量应为污水的最大时流量，故本设计中，设计流量为 $20000 \times 1.49 = 29800$ m^3/d；池数 2 座。

3. 工程内容

内设一台刮泥机。

4. 二沉池尺寸

$D = 25$ m；$H = 6.925$ m。

5. 刮泥机的选型

型号参数：HZG—25；刮板外缘线速度：2.4 m/min；电机功率：2 kW。

6. 计算

（1）沉淀部分水面面积。

$$A = \frac{Q_{max}}{nq'} = \frac{1242}{2 \times 1} = 621 \text{ m}^2$$

式中　Q_{max}——最大时平均流量（m^3/h），其计算公式如下：

$Q_{max} = Q \times K_z = 20000 \times 1.49 = 29800$ $m^3/d = 1242$ m^3/h；

q'——表面负荷 [$m^3/(m^2 \cdot h)$]，取 $q' = 1$ $m^3/(m^2 \cdot h)$；

n——池数（座），取 2 座。

（2）池子直径：

$$D = \sqrt{\frac{4A}{\pi}} = \sqrt{\frac{4 \times 621}{3.14}} = 28.13 \text{ m，取 } 30 \text{ m}$$

（3）实际水面面积：

$$A' = \frac{\pi D^2}{4} = \frac{3.14 \times 30^2}{4} = 706.5 \text{ m}^2$$

（4）校核堰口负荷：

$$q_1' = \frac{Q_0}{3.6 \pi D} = \frac{621}{3.6 \times \pi \times 30} = 1.83 \text{ L/(s·m)（符合要求）}$$

式中　　Q_0——单池设计流量（m³/h），$Q_0 = \frac{Q}{n} = \frac{1242}{2} = 621$ m³/h。

（5）校核固体负荷：

$$q_2' = \frac{(1+R)Q_0 N_w \times 24}{A} = \frac{(1+0.67) \times 621 \times 4 \times 24}{706.5}$$

$$= 140.92 \text{ kg/(m}^2 \cdot \text{d)} < 150 \text{ kg/m}^2 \cdot \text{d（符合要求）}$$

式中　　N_w——混合液悬浮物浓度（kg/m³）；

　　　　R——污泥回流比。

（6）澄清区高度。

设沉淀时间 $t = 4.0$ h，则：

$$h_2' = \frac{Q_0 t}{F} = \frac{417 \times 4}{490.63} = 3.40 \text{ m}$$

径深比：$\frac{D}{h_2} = \frac{30}{3.4} = 8.82$（在 6～12 之间，符合要求）。

（7）污泥区高度。

设污泥停留时间 $t' = 2.0$ h，则

$$h_2'' = \frac{(1+R)Q_0 N_w t'}{0.5(N_w + C_u)F} = \frac{(1+0.67) \times 621 \times 4 \times 2}{0.5 \times (4+10) \times 490.63} = 2.42 \text{ m}$$

式中　　t'——污泥停留时间（h）；

　　　　C_u——底流浓度（kg/m³）。

（8）池边深度：

$h_2 = h_2' + h_2'' = 3.40 + 2.42 + 0.3 = 6.12$ m（其中，0.3 为缓冲层高度）

（9）污泥斗高度。

设污泥斗底直径 $D_2 = 1.0$ m，上口直径 $D_1 = 2$ m，斗壁和水平夹角为 55°，则：

$$h_4 = \left(\frac{D_1}{2} - \frac{D_2}{2}\right) \times \tan 55° = 0.72 \text{ m}$$

（10）沉淀池高度。

设池底坡度为 0.05，污泥斗直径 $d = 2$ m，池中心与池边落差为：

$$h_3 = 0.05 \times \frac{D-d}{2} = 0.05 \times \frac{30-2}{2} = 0.7 \text{ m}$$

超高 $h_1=0.3$ m，则总高度为：
$$H = h_1 + h_2 + h_3 + h_4 = 0.3 + 6.12 + 0.7 + 0.72 = 7.84 \text{ m}$$

（六）紫外消毒

据成都浦丰水处理设备有限公司生产的紫外线消毒系统的主要参数，选用设备型号 UV/W－320－8－8，其具体型号见表 5－11。

表 5-11　UV/W-320-8-8 设备型号

产品型号	模块组数	灯管功率/kW	清洗模式	控制模式
UV/W－320－8－8	8	0.32	自动清洗	手动＋PLC

（七）污泥处理系统

1. 辐流式重力浓缩池

辐流式重力浓缩池用于降低污泥含水率。浓缩池尺寸为 $D=9$ m，$H=6.38$ m。

（1）设计参数。

污泥初始含水率为 99.4％，浓缩时间采用 16 h，浓缩池有效水深采用 4 m，浓缩后污泥含水率为 97％。

（2）设计计算。

采用连续辐流式污泥浓缩池，进入浓缩池的剩余污泥量为 325.6 m³/d＝13.57 m³/h，因泥量少，采用一个浓缩池。

①浓缩池有效容积：
$$V = Q_0 T = 13.57 \times 16 = 217.12 \text{ m}^3$$

式中　　Q_0——二沉池流入剩余污泥流量（m³/h）；

　　　　T——浓缩时间（h），取 16 h。

②浓缩池的有效面积：
$$A = \frac{V}{h_2} = \frac{217.12}{4} = 54.28 \text{ m}^2$$

式中　　A——浓缩池的有效面积（m²）；

　　　　V——浓缩池的有效容积（m³）；

　　　　h_2——浓缩池的有效水深（m）。

③浓缩池的直径：
$$D = \sqrt{\frac{4A}{\pi}} = \sqrt{\frac{4 \times 54.28}{\pi}} = 8.32 \text{ m，取 } 9 \text{ m}$$

④池底高度。

辐流式浓缩池采用中心驱动刮泥机，池底的坡度 $i=0.083$，刮泥机连续转动将污泥推入污泥斗，池底高度为：
$$h_4 = \frac{D}{2}i = \frac{8.32}{2} \times 0.083 = 0.35 \text{ m}$$

⑤泥斗的高度为：

$$h_5 = \tan\alpha \cdot (a - b) = \tan55° \times (1.5 - 0.5) = 1.43 \text{ m}$$

式中　　α——泥斗倾角，为保证排泥通畅，圆形污泥斗倾角取 $55°$；

　　　　a——污泥斗上口半径（m），取 1.5 m；

　　　　b——污泥斗底部半径（m），取 0.5 m。

⑥污泥斗容积为：

$$V_1 = \frac{1}{3} \times \pi h_5 (a^2 + ab + b^2) = 4.9 \text{ m}^3$$

⑦浓缩池总高度为：

$$H = h_1 + h_2 + h_3 + h_4 + h_5 = 0.3 + 4 + 0.3 + 0.35 + 1.43 = 6.38 \text{ m}$$

式中　　h_1——超高（m），取 0.3 m；

　　　　h_3——缓冲层高度（m），取 0.3 m。

⑧浓缩后剩余污泥量为：

$$Q_1 = \frac{Q_0(100 - p_1)}{n(100 - p_2)} = \frac{13.57 \times (100 - 99.4)}{100 - 97} = 2.714 \text{ m}^3/\text{h}$$

式中　　Q_1——浓缩后的污泥量（m³/h）；

　　　　p_1——浓缩前污泥含水率，取 99.4%；

　　　　p_2——浓缩后污泥含水率，取 97%；

　　　　n——浓缩池个数，这里 $n=1$。

⑨浓缩后分离出的上清液为：

$$Q_2 = Q_0 \frac{p_1 - p_2}{100 - p_2} = 13.57 \times \frac{99.4 - 97}{100 - 97} = 10.86 \text{ m}^3/\text{h}$$

⑩排泥管。

采用污泥管道最小管径 DN200 mm，间歇将污泥排入脱水机房的贮泥池里。

2. 污泥泵房

（1）工程内容：内设 4 台污泥回流泵（内回流 1 用 1 备，外回流 1 用 1 备，8 h 交替使用）。

（2）泵的选型：型号：QW250-600-15-45；流量：600 m³/h；扬程：15 m；功率：45 kW。

（3）脱水机房。

①功能：进一步降低污泥含水率。

②工程内容：采用带式压滤机机械脱水。

③带式压滤机的选型。

设备型号：ZYL-1000；处理能力：3~6 m³/h；滤网宽度：1000 mm；配用动力：主机 1.5 kW，混凝反应装置 1.1 kW；配置清单：主机 1 台，布泥系统 1 件，污泥混凝反应装置 1 套，加药系统 1 套，电气自控装置 1 套。

四、平面布置及高程布置

(一) 平面布置的一般原则

(1) 处理构筑物的布置应紧凑，节约土地并便于管理。

(2) 处理构筑物的布置应尽可能按流程顺序布置，以避免管线迂回，同时应充分利用地形以减少土方量。

(3) 经常有人工作的地方，如办公、化验等用房，应布置在夏季主导风的上风向，在北方地区也应考虑朝阳，设绿化带与工作区隔开。

(4) 构筑物之间的距离应考虑敷设管渠的位置、运转管理的需要和施工的要求，一般采用 5~10 m。

(5) 污泥处理构筑物应尽可能布置成单独的组合，以备安全，并方便管理。

(6) 变电所的位置应设在耗电量大的构筑物附近，高压线应避免在厂内架空敷设。

(7) 污水厂应设置超越管，以便在发生事故时，使污水能超越一部分或全部构筑物，进入下一级构筑物或事故溢流管。

(8) 污水和污泥管道应尽可能考虑重力自流。

(9) 在布置总图时，应考虑安排充分的绿化地带，为污水处理厂的工作人员提供一个优美舒适的环境。

(10) 在布置总图时，应考虑远近期结合，有条件时可按远景规划水量布置，将处理构筑物分为若干系列分期建设。

(二) 污水厂平面布置的具体内容

(1) 处理构筑物的平面的布置。
(2) 附属构筑物的平面布置。
(3) 管道、管路及绿化带的布置。

(三) 高程布置

充分利用地形，尽量选择有适当坡度的地段，以满足污水处理构筑物高程布置的需要，减少土方开挖量与部分处理构筑物的埋深，减少污水与污泥的提升设备并节省动力费用，具体高程布置见表 5-12。

表 5-12　构筑物高程布置

构筑物名称	流量 /(m³/d)	地面高程 /m	水头损失 /m	进水高程 /m	出水高程 /m	池顶高程 /m	池底高程 /m
中格栅间	20000	300.00	0.10	298.00	297.90	289.30	297.45
提升泵房	20000	300.00	0.10	297.90	304.00	305.00	295.10
细格栅间	20000	300.00	0.20	303.00	302.80	303.30	302.45
钟式沉砂池	20000	300.00	0.40	302.80	302.40	303.10	299.23

续表5－12

构筑物名称	流量 /(m³/d)	地面高程 /m	水头损失 /m	进水高程 /m	出水高程 /m	池顶高程 /m	池底高程 /m
卡罗塞尔 氧化沟	20000	300.00	0.50	302.40	301.90	303.00	298.00
辐流式二沉池	20000	300.00	0.40	301.90	301.50	302.20	294.36
紫外消毒池	20000	300.00	0.10	301.50	301.40	302.00	298.00
污泥浓缩池	20000	300.00	—	—	—	300.50	294.12

五、附图

1. 某城市生活污水处理厂工艺方案（卡鲁塞尔氧化沟法）总平面布置图（见附图13）。

2. 某城市生活污水处理厂工艺方案（卡鲁塞尔氧化沟法）高程图（见附图14）。

附　录

一、某工业园区综合污水处理厂工艺方案（接触氧化法）总平面布置图（见附图1）

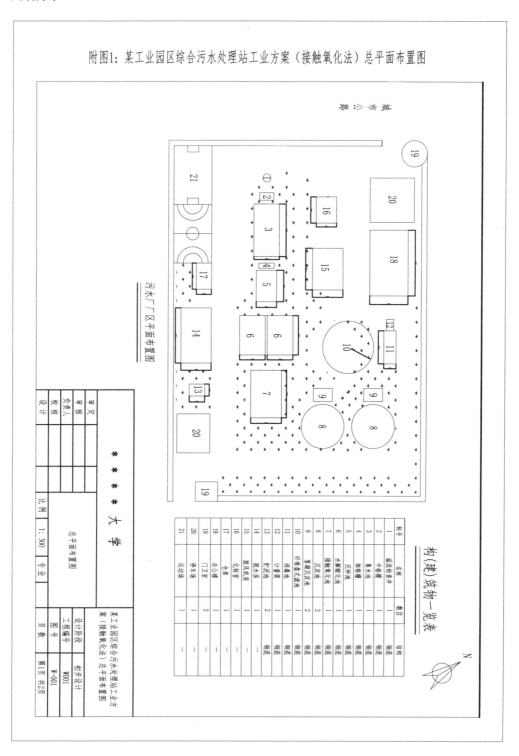

附图1：某工业园区综合污水处理站工业方案（接触氧化法）总平面布置图

二、某工业园区综合污水处理厂工艺方案（接触氧化法）高程图（见附图2）

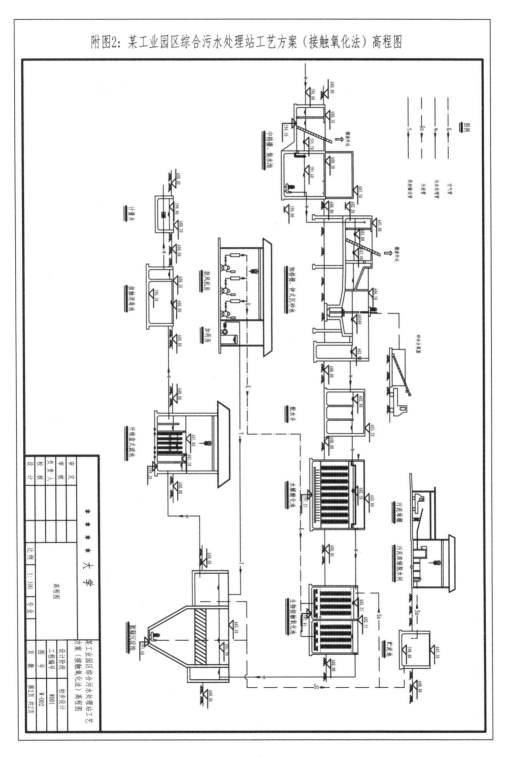

附图2：某工业园区综合污水处理站工艺方案（接触氧化法）高程图

三、某工业园区综合污水处理工艺方案（改良 UCT 法）总平面布置图（见附图 3）

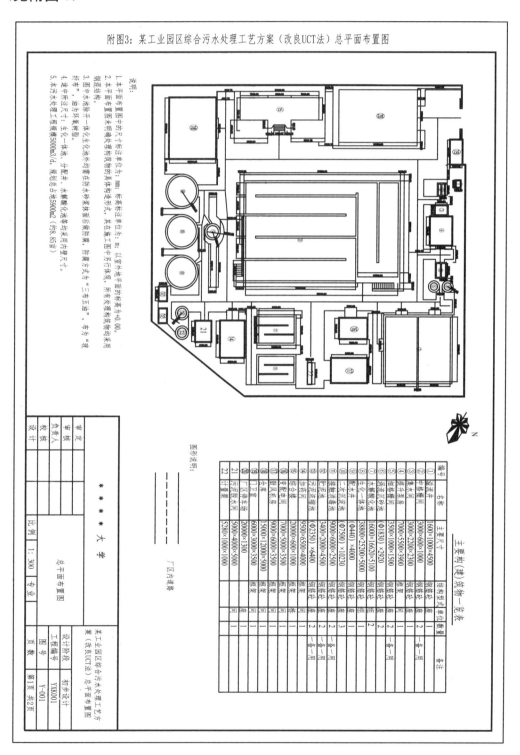

附图3：某工业园区综合污水处理工艺方案（改良UCT法）总平面布置图

四、某工业园区综合污水处理工艺方案（改良 UCT 法）高程图（见附图 4）

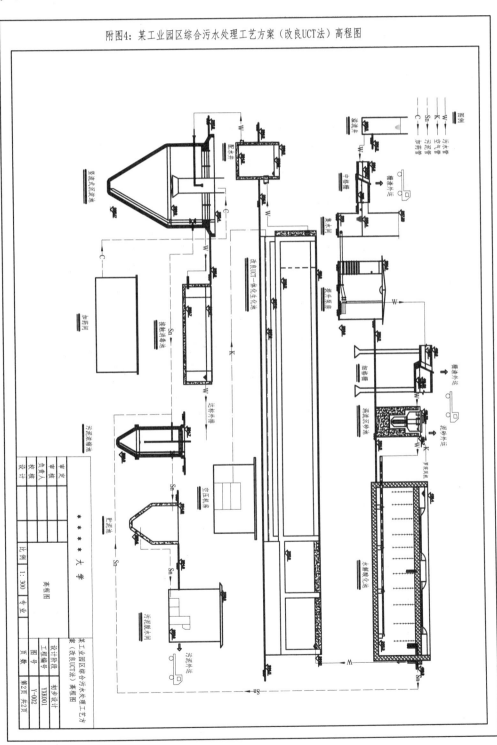

附图4：某工业园区综合污水处理工艺方案（改良UCT法）高程图

五、某工业生产废水工艺方案（水解酸化＋活性污泥法）总平面布置图（见附图5）

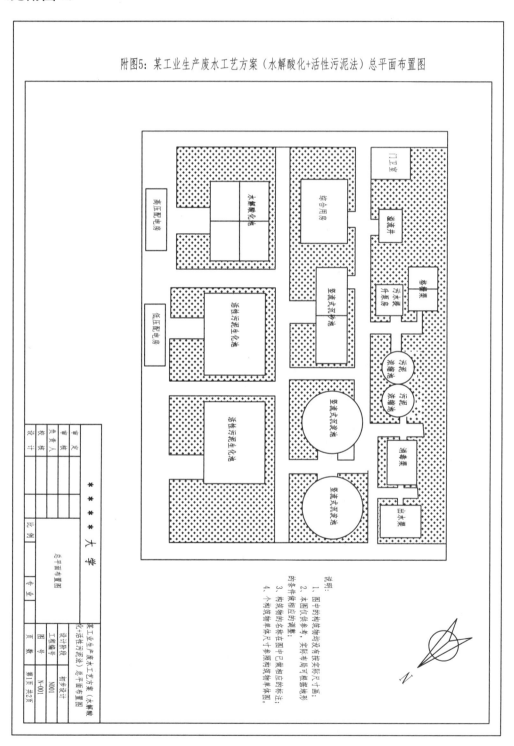

附图5：某工业生产废水工艺方案（水解酸化+活性污泥法）总平面布置图

六、某工业生产废水工艺方案（水解酸化＋活性污泥法）高程图（见附图6）

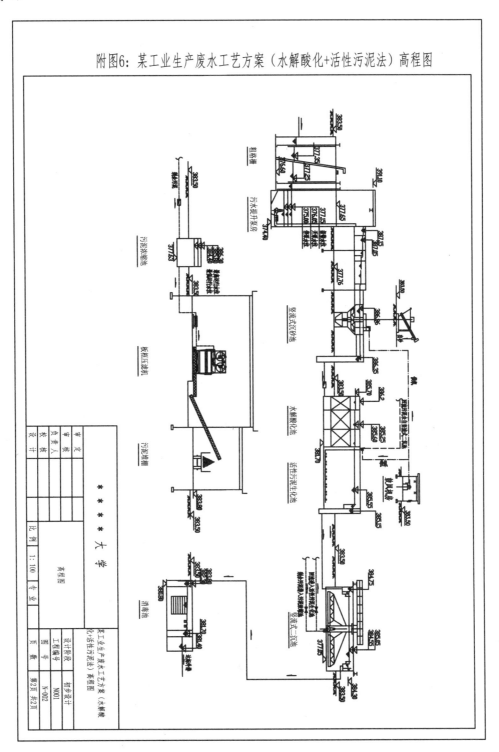

附图6：某工业生产废水工艺方案（水解酸化+活性污泥法）高程图

七、某工业生产废水处理工艺方案（水解酸化＋生物接触氧化法）总平面布置图（见附图7）

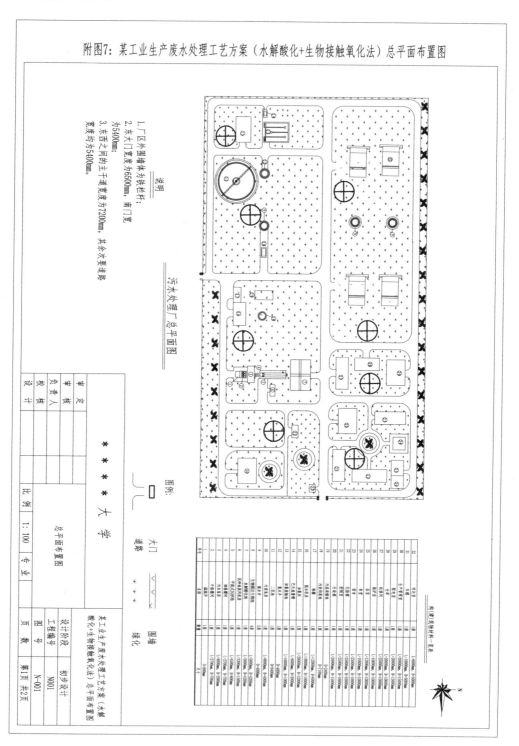

附图7：某工业生产废水处理工艺方案（水解酸化+生物接触氧化法）总平面布置图

八、某工业生产废水处理工艺方案（水解酸化＋生物接触氧化法）高程图（见附图8）

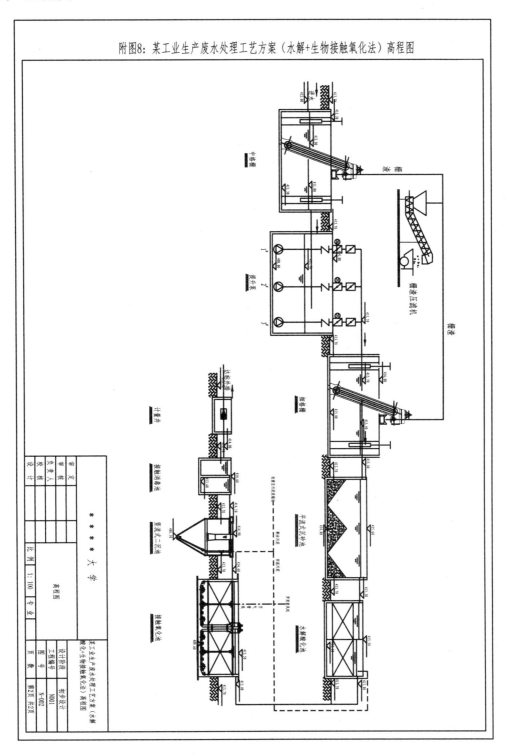

附图8：某工业生产废水处理工艺方案（水解+生物接触氧化法）高程图

九、城市污水处理厂工艺方案（A²/O 法）总平面布置图（见附图 9）

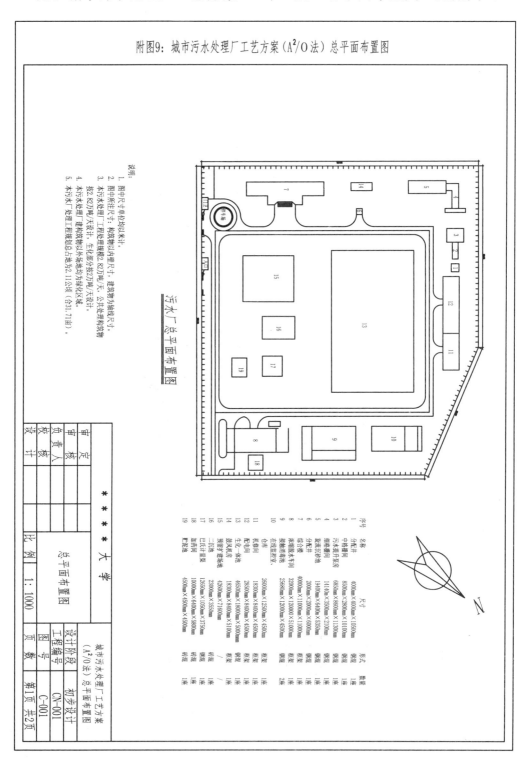

附图9：城市污水处理厂工艺方案（A²/O法）总平面布置图

污水厂总平面布置图

说明：
1. 图中尺寸单位均以米计。
2. 图中所注尺寸：构筑物以内壁尺寸，建筑物以轴线尺寸。
3. 本污水处理工程处理规模2.82万t/d，公共处理构筑物按2.82万t/d设计。生化图分按2万t/d设计。
4. 本污水处理厂建筑物和构筑物以外场地均为绿化区域。
5. 本污水厂处理工程规模占总占地为2.11公顷（含31.7亩）。

序号	名称	尺寸	形式	数量
1	分集井	4000mm×4000mm×1050mm	钢混	1座
2	中格栅间	850mm×2800mm×2100mm	钢混	1座
3	污水提升泵房	6850mm×8600mm×10010mm	钢混	1座
4	细格栅沉砂池	1410mm×3500mm×2100mm	钢混	1座
5	旋流沉砂池	1940mm×640mm×5350mm	钢混	1座
6	分配井	2000mm×2000mm×6000mm	钢混	1座
7	综合楼	4000mm×11000mm×11000mm		1座
8	浓缩脱水车间	32000mm×12000mm×5100mm	钢混	1座
9	接触消毒池	25680mm×12000mm×650mm	钢混	2座
10	仓库		砖砼	1座
11	机修间	26000mm×1250mm×650mm	砖砼	1座
12	配电间	1830mm×9800mm×650mm	砖砼	1座
13	生化一体池	2650mm×8400mm×650mm	钢混	1座
14	鼓风机房	4650mm×1800mm×500mm	钢混	1座
15	加药间扩建场地	1830mm×840mm×510mm	钢混	1座
16	预留扩建场地	4260mm×7180mm		/
17	二沉池	2300mm×3550mm	砖砼	1座
18	加药间	1260mm×1050mm×3750mm	砖砼	1座
19	贮泥池	10000mm×640mm×5800mm	钢混	1座
		4500mm×450mm×450mm	砖砼	1座

审定				＊ ＊ ＊ ＊ ＊		城市污水处理厂工艺方案
审核				大 学		（A²/O法）总平面布置图
负责人				总平面布置图		
校核			设计阶段	初步设计
设计			工程编号	CN-001
		比例	1：1000	图号	C-001
				页数	第1页 共2页

十、城市污水处理厂工艺方案（A²/O 法）高程图（见附图 10）

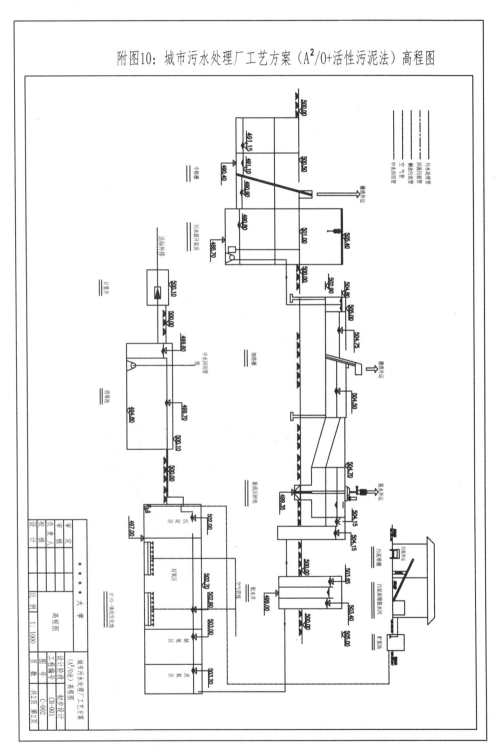

十一、四川省某城镇污水处理厂工艺方案（奥贝尔氧化沟法）总平面布置图（见附图11）

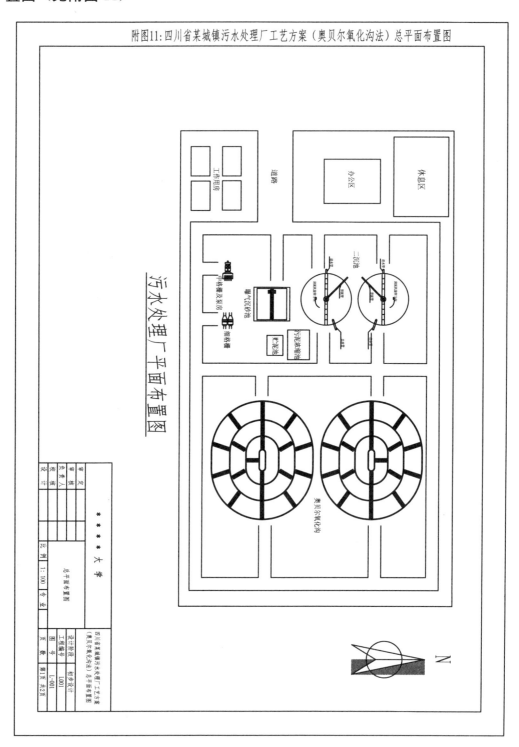

附图11:四川省某城镇污水处理厂工艺方案（奥贝尔氧化沟法）总平面布置图

十二、四川省某城镇污水处理厂工艺方案（奥贝尔氧化沟法）高程图

（见附图12）

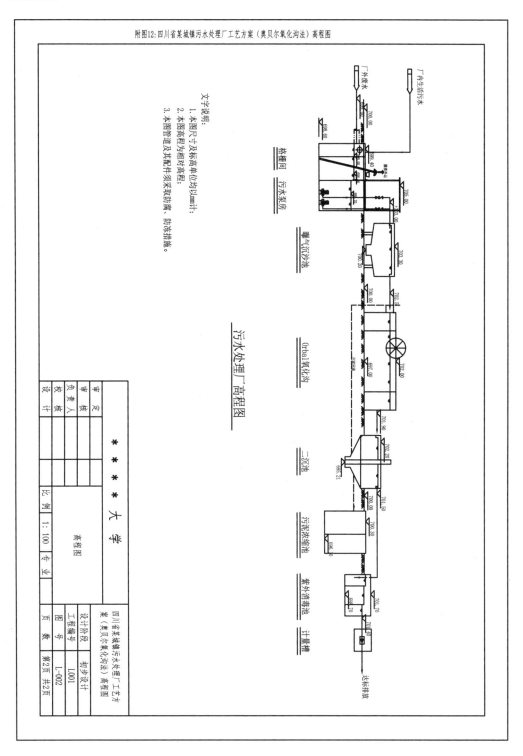

附图12：四川省某城镇污水处理厂工艺方案（奥贝尔氧化沟法）高程图

十三、某城市生活污水处理厂工艺方案（卡鲁塞尔氧化沟法）总平面布置图（见附图13）

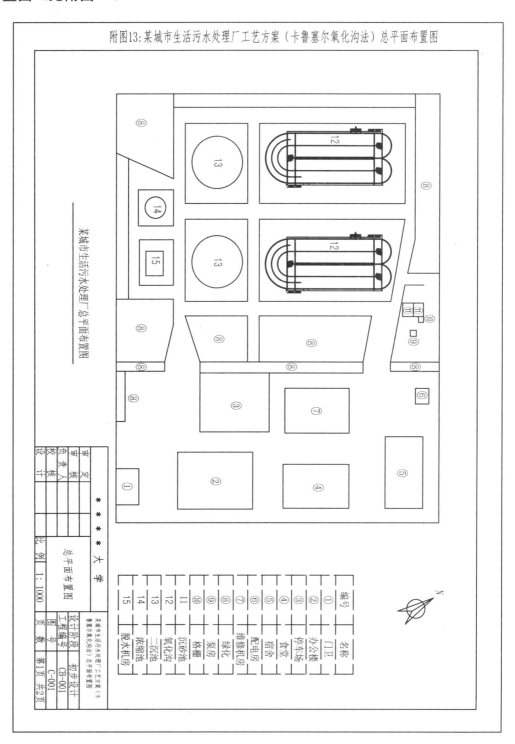

附图13：某城市生活污水处理厂工艺方案（卡鲁塞尔氧化沟法）总平面布置图

十四、某城市生活污水处理厂工艺方案（卡鲁塞尔氧化沟法）高程图（见附图 14）

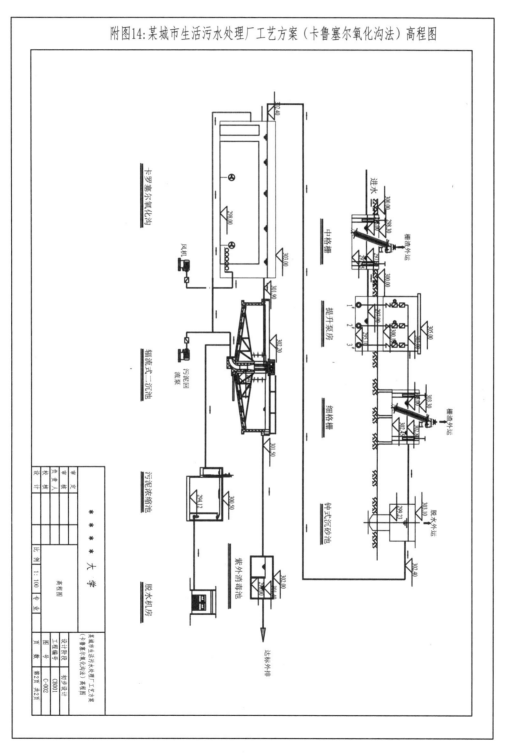

附图14:某城市生活污水处理厂工艺方案（卡鲁塞尔氧化沟法）高程图